# rules

点亮新家的
## 装饰风格法则

朝日新闻出版 编

袁璟 译

广西师范大学出版社
·桂林·

# 目　录

[ 注意事项 ]
* 本书所刊登的住宅均为个人住宅，所拍摄之物均为私人物品。
* 虽然书中记载了这些物件的购买地，但现在也有可能已经无法买到，敬请谅解。
* 书中刊登的数据均为采访时的数据。

# 前　言

开始独居、二人生活或跨蹐购置房产时，
很多人才第一次面对室内装饰这件事。
因此，本书是为"第一次做室内装饰"之人所写，
着重于从确定自我风格开始。

选衣服从小到大已经历过数十次、数百次，
但是选家具、选窗帘、选照明用具，
则必须在几乎没有经验的情况下开始进行。
与买衣服不同，在无法轻松购买替换件的前提下，
还要与这些物品一起度过十年左右的漫长时光。

选衣服时，出于多年来的经验，
喜欢的、讨厌的、舒适的、别扭的……大致都能明白，
每个人都有自己的选择标准。
可一旦要进行室内装饰，才意识到，明明是自己的事情，
却连"喜欢"什么都没办法说清楚。

于是，这本书就派上用场了。
首先，从清楚明白自己的"喜好"开始，
也就是选择属于自己的"风格"。
在清楚选定目标的情况下进入下一阶段，
选择和自己的生活相吻合的家具并考虑摆放。
最后，再进一步考虑细节，以营造具有品位的美好空间。

室内装饰，究竟应该怎么做才好呢？
这本书就是献给有这种烦恼的诸位，
希望能够对大家改变生活的第一步有所帮助。

# Part 1

# 发现自己喜欢的风格

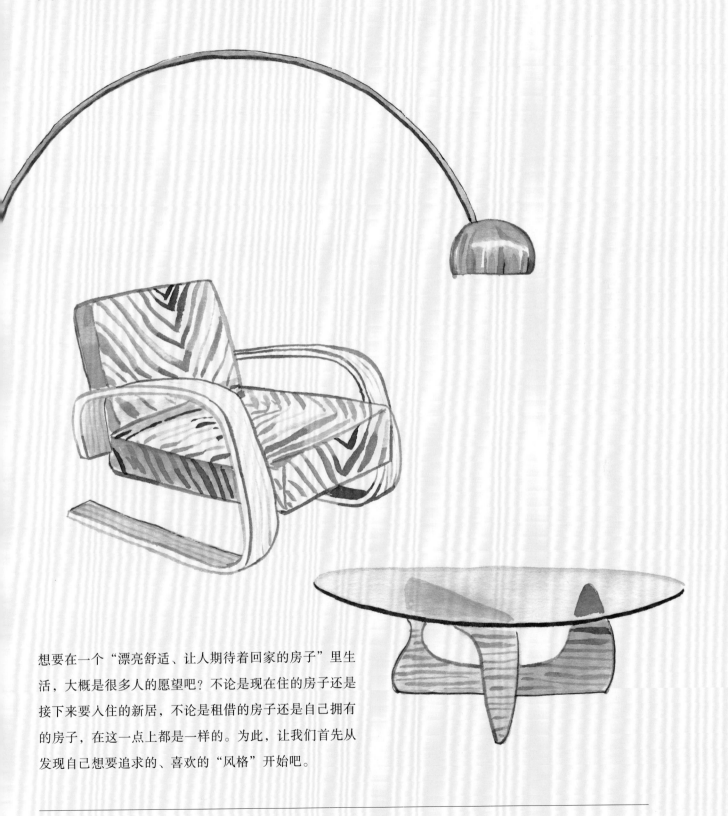

想要在一个"漂亮舒适、让人期待着回家的房子"里生活，大概是很多人的愿望吧？不论是现在住的房子还是接下来要入住的新居，不论是租借的房子还是自己拥有的房子，在这一点上都是一样的。为此，让我们首先从发现自己想要追求的、喜欢的"风格"开始吧。

# 什么是
# 室内装饰的风格？

*nordic*

在室内装饰领域，说到风格，有时是指学术意义上的"样式"。不过，只想让室内装饰焕发光彩的话，不需要从零开始学习以前的样式。这本书讲述的不是样式，如果要用一个词来揭示室内空间所具有的氛围与特征，那就是"风格"。

*natural*

接下来要介绍的内容，是适合日本住宅、用从内装商店及网店买来的物品就能营造出来的六种广受欢迎的风格。请从中找到自己最喜欢的风格吧。

*modern*

室内装饰领域也有流行趋势。一旦要找寻物品，便很容易看到当下流行的物品。如果总是在这些物品中挑选，就会做出不协调的内装。但如果有了自己想要的风格，室内装饰的基调就形成了，也就不会购买多余之物。有意识地认定一个核心风格，对于营造优雅的室内装饰很有必要。

*french chic*

*cafe*

倘若找到了自己喜欢的风格，请试着按照本书介绍的法则，一点一点地添置各个物件吧。这一页的插图是盒子、箱子等收纳类物品，分别描绘本书所介绍的六种风格。哪怕只是收纳物品，可选之物也如此不同，选择自己喜欢的风格，就会形成统一的感觉。

但最后的成品并没有必要一直受缚于风格。因为一旦形成了自己的核心和基调，之后只要按照个人风格打造就好。这本书里所说的寻找风格，终究只是一个开始。只要从最初就对风格有所意识，那么之后所营造的空间的品位就会大幅提升。

*asian*

# 自然风格

因为门是餐厅的重点，所以决定作出木纹的感觉。制作方是 LOHAS studio OKUTA，房子翻修也是请他们做的。

如何营造自然风格
## rules
案例 堀家

*rule*
"白"这种颜色

*rule*
木头的暖色调

*rule*
瓷砖

*rule*
自然风格的篮子

*rule*
木头的暖色调

厨房的门板材料以及安装在天花板
上的装饰横梁，用的都是旧木材。
其他部分本来是全新的材料，通过
平时的使用也变得越来越有味道，
逐渐融为一体，感觉很好。

*rule*
木头的暖色调

*rule*
"白"这种颜色

左上：堀女士是一名布艺创作者。起居室的一角是归置材料的空间。右上：安装在餐厅墙壁上的架子，是用旧木材制作的，也是展示自己喜爱之物的空间。上面摆放着从跳蚤市场等场所购买、收集的小杂货。左下：长方形桌子涂上了漆，桌面则是重新安装的。右下：在结构上无法拆卸的柱子上安装挂钩，挂上花环，赫然成为装饰。给孩子们量身高留下的印记也很可爱。

*rule*
亚麻布&棉布

*rule*
木头的暖色调

这块空间与厨房相连，发挥着家务间的作用。搁板、镜框等都选用木制，在实用性空间也不忘体现暖色调。透过亚麻布窗帘射入的光线也很柔和。

## 天然材料带来的轻松气息
## 是自然风格室内装饰的最大魅力

堀家整体散发着一种恬静温和的气息。他们购买的是二手住宅，翻修后距今已十年。堀女士表示："我感兴趣的是物品被人使用后形成的感觉。因此，我希望拥有的并非那些经年累月后只显老旧和脏污的物品，而是发挥想象，挑选那些会不断增添魅力的素材。对我来说，那就是原木地板，是涂了硅藻泥的墙壁。"实际使用了十年后，正因为年月的叠加才能够感受到这样的手感，变成了一个让人觉得"比刚刚翻修好时还要喜欢"的空间。一旦堀家确定了"随时间提升魅力的材料"这个选品标准，物品的共通项就变成了"自然存在之物"。自然 =Natural。虽然并未想要以这个风格为目标，但是通过主人亲手选择的一件件物品，顺理成章地形成了这种自然风格。之所以能够让人感受到这种自然风格，原因在于有效地运用白色这种颜色。就像堀女士所说："和任何东西都很搭，所以犹豫不决的时候就选择白色。"白色不会因为遭人厌恶而格外显眼，还能让人更强烈地感受到木头的暖色调。多亏选择了白中略带象牙色的物品，与自然的材料互起作用，给人送来轻松自在的气息。

*rule*
"白"这种颜色

*rule*
木头的暖色调

起居室地板用的是栎属树种的原木
材。过了十年，变成了一种非常舒适
的米黄色。沙发来自宜家，这种白色
最适合自然风格的室内装饰。

左：在公园捡回的橡树果、石头，作为展示放在老旧的饼干模具中。中：希望家里有用作装饰的空间，便打造了几处壁龛，房间与捡来的落叶相映成趣。右：电饭锅和面包机收进橱柜会使用不便，因此选择用与自然风格合拍的白色厨房布巾遮盖起来，做到不显眼。

左：玄关处的展示。全都是自然风的物品，营造完全符合自然风格的宁静风景。中：在房间各处安装了钩子，实用的同时也能充当漂亮的装置品。右：姐姐是干花制作老师，自己也跟着她动手做了花球。从天花板垂挂而下，自然地将视线向上吸引，是个很好的点缀。

左：涂层已经有些斑驳的珐琅灯，主人经常会被这些富有韵味、经年累月的老物品吸引，不知不觉便买回家的小房子摆件，并排摆放在走廊的壁龛中。右：在埼玉贩卖复古物品和贝果的Kutakuta购买的灯罩。残留着锈迹，很有韵味，是当下的心头好。

# 自然风格

*rule*
"白"这种颜色

在起居室的墙壁上嵌装了窗户，让光线能够一直照射到玄关处。沙发的灰色和窗框的黑色则让容易偏向甜美的自然风格有所收敛。

为了配合 Ercol 的椅子特意从
Den Plus Egg 定制了桌子。
固定在墙上的架子是 London
Classic 的商品。

*rule*
珐琅制品

*rule*
亚麻布＆棉布

*rule*
木材的温润感

*rule*
木材的温润感

*rule*
自然风格的篮筐

*rule*
瓷砖

左上：在起居室的角落里安装了钩子，吊挂衣服或背包。钩子是在跳蚤市场购买的。将天然材料制作的苹果运送木箱灵活运用为收纳箱。右上：与起居室相连的和式房间与自然风格的空间非常协调。左下：用天然材料建造的和式房间与自然风格的空间保持某种关联性，同时也不失为一种装饰。原样，多用天然材料建造的和式房间与自然风格的购买的架子放在这里，与起居室的瓷器，用来收纳苏西·库帕的瓷器，两者都是来自英国的物品，营的，两者都是来自英国的物品，营造出相似的氛围。右下：盥洗室的台面贴上白色迷你瓷砖，给人洁净的感觉。In London Classics购买。Ercol的这个储物柜是妈妈转送

*rule*
木材的温润感

*rule*
瓷砖

*rule*
珐琅制品

厨房同样加入了木材的质感，却营造出明快的氛围。白色瓷砖的接缝处涂成黑色，并以半块瓷砖为距错位铺贴，成为厨房的点睛之处。

## 以线条柔和、木纹明亮的家具为主
## 呈现韵味与日俱增的自然空间

"妈妈很喜欢摆弄室内装饰，我受她影响也对英国的古董非常熟悉。"M说道。母亲收集了大量英国瓷器设计师苏西·库帕（Susie Cooper）设计的餐具，在这样的环境中长大的M表示，在勾画自己家的景象时，很自然便想打造一个与这些熟悉的家具和杂货相吻合的空间。

M购买了二手的独栋楼房后，便开始了翻新重建的工程。委托了位于兵库县苦乐园的Den Plus Egg建筑设计公司，感觉他们能够切实地理解自己的喜好进行提案。当初提的要求是"与古老且有韵味的物品相契合，却让人感觉清爽的空间"。对方提供的答案便是利用原木并让白色墙壁发挥效用的自然风格。当时负责的设计师说道："屋主原本就拥有这些可以持续使用的好物件，作为基础的空间也应使用地道的素材，这样才能共同营造契合的氛围。"

成为主角的是英国产的Ercol家具，具有温和优雅的质感，以及简洁大方的设计。与一般人们想象中的古董家具的厚重感明显不同，轻快的设计让生活也变得格外舒爽，与M的期待完全吻合。明亮的木质色调与白色墙壁相互映衬，成就了一个柔和安详的空间。

M家的翻修公司：Den Plus Egg www.denplus.co.jp/index2.html

在二楼设置了类似书房的空间。只有这里采用了蓝灰色的墙纸，改变空间形象。这个颜色与天然的木质肌理也非常协调。

桌子左侧是依照空间定制的大容量书架。因为是用具有温暖感觉的木材制作，今后就算书本不断增加，也不会有办公室般的冰冷感，让人安心。

*rule*
木材的温润感

*rule*
自然风格的篮筐

玄关处摈弃了鞋柜的做法，采用开放式的架子。用绿色植物作为装饰，背包则挂在架子侧面，既具有装饰性又很实用，可谓一石二鸟。

篮筐是自然风格收纳中不可或缺的物品。在玄关处用它放置拖鞋等，并用棉布遮盖起来。

*rule*
自然风格的篮筐

# 喜爱之物 & 细节大集合

左：洗面台处的照明是珐琅制的灯。中：可爱的猴子、猫之类的物品非常吸引M。这也是在London Classics购买的古董。右：放在起居室使用的铁制暖炉。本以为是烧柴火的，没想到竟然是燃气"发热"的。「但还是很逼真的，还会坐在暖炉前一直看摇曳的火苗。」

左：洒水壶是在古董市场购买的，与干燥的绣球花非常搭。中：厨房里则用开放式架子代替了附有橱门的吊柜。伸手便能拿到的位置上是存放砂糖和盐的罐子，采取的是展示式收纳。右：洗面台的面板上放置了铁丝篮，用来存放毛巾，使用的毛巾也是自然风格的。

左：爱猫的口粮都存放在这个铁罐中，并没有收进橱柜，立刻就能取出。中：无论如何都想使用的Ercol椅子，在Den Plus Egg经营的古董商店购买。右：七岁长子的玩具都收在这个木箱中，放置在起居室。只要盖上布，就不会破坏空间整体的自然氛围。

# 自然风格

"自然"（Natural）是形容保持天然、未经加工的状态。在室内装饰中运用"自然"，是指尽可能降低人工材料的存在感，更多地使用天然材料。

不论程度深浅，人们处于自然中的那种舒适感是共通的。能够体现这种自然所具有的包容力的，就是木材的温润质感。追求天然木材原本就拥有的质感，是迈向自然风格的第一步。相较于涂刷得闪闪发亮的人工涂料，又或者是对木材进行上色，变成黑色或棕色这些做法，为不加涂饰的木材上油或上蜡，保持其"原本的状态"，会让人感觉与这些木制品更亲近。

另外不可或缺的是白色系。天然材质 × 白这样的组合会创造清爽、干净的感觉，这也是自然风格备受欢迎的原因之一。亚麻布或棉布、陶器、篮筐等看上去便让人觉得手感很好的天然材质也是必选物品。

在自然风格这个大类中，有些是运用有较多曲线、富有柔软感觉的家具配以复古式杂货这样偏向女性的风格，还有些则是添置直线型的木制家具、保持少量物品的简单风格。这两种都受到了大家的喜爱。

木制大门与树脂胶合板制作的成品不同，有着温润感。门、窗等在房间内存在感很强，因此是需要重视的部分。

偏白色系的枫木，可以加强清爽的印象。（图片提供：北之住设计社）

## 法则 1　加入"木材的温润感"

用天然木材制作的家具和地板会随着岁月流逝而韵味倍增，让人感到温暖。不夸张地说，打造自然风格的空间，完全是从选择木制品开始的。追求真正的木材，而不是胶合板之类的合成板。挑选仅仅上油或上蜡的木板，或者选择表层相对较薄的聚氨酯（Urethane）涂层木材，充分享受木材的质感。

碰触的时候，让人们感受到温润感和良好手感的原木家具和地板是自然风格备受喜爱的原因。

白色的陶瓷杯子和水壶放在厨房，用来收纳餐具和工具，显得更为清爽。

## 法则 2 使用"白色系"

尽管格外重视木材天然的质感，墙壁和天花板都用木材打造，却并非要营造森林木屋般的室内氛围，因此也会重视白色的使用，这也是具有人气的自然风格室内装饰的特征。善用白色，不仅能给人干净清爽的感觉，也非常适用于日本普遍狭小的住宅条件。墙壁固然如此，如果在家具、小物件、布料等处都使用白色的话，也会更贴近自然风格。

墙壁占据了相当大的空间面积，选择白色的效果非常明显。选择石膏或硅藻泥的话，自然度会进一步得到提升。

在锅子等器具上用来遮盖并防尘的也是白色棉布。

## 法则 3 添置"具有天然感的篮筐"

作为室内装饰的物件，天然材料制成的篮筐备受欢迎。特别是自然风格的室内装饰，这种物品可说是不可或缺。原样挂在墙壁上或放在椅子上作为装饰让人喜爱，作为收纳用品也很方便，可以将那些与室内装饰的氛围相违的杂物隐藏起来。柳条编制、竹制或者藤制的篮筐，色彩明亮，更受欢迎。

挂在柜门上的篮子是用来收纳厨房用布的。

摆放在餐桌上，里面放的是纸巾盒。

## 法则 4　巧用"瓷砖"

很早以前便会在居家空间内外使用的材料便是瓷砖。相较于不锈钢材料，瓷砖更富有温度感，并且长期使用会形成某种韵味。也许是这个原因吧，在打造自然风格的室内装饰时经常会选用这个材料。厨房的墙壁、水槽面板、玄关等处常用瓷砖。有着干净的白色以及让人感受到素烧陶器氛围的陶土地砖也都很受欢迎。

洗面台台面选择圆形的瓷砖，非常可爱。

## 法则 5
## 使用"亚麻布 & 棉布"

窗帘使用亚麻布或棉布，便能享受微风拂过、光线柔和的房间，自然风格由此生成。这种天然材质才会有的肌肤触感，与木制品也非常合拍。餐桌布、架子和篮筐的遮布、靠垫等，能够使用的范围很广，因此要注意尽量选择白色、米色、未经漂白的布，以及淡色系的物品。

将狭长形的瓷砖纵向铺贴，是个颇具新鲜感的选择。

大号的古旧珐琅制铁桶则用来收纳清扫用品。

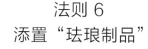

特别推荐使用珐琅制的灯罩。

## 法则 6
## 添置"珐琅制品"

在金属表面覆盖玻璃质的釉烧制而成的珐琅，是很早以前便有的材料。既因玻璃的光泽而显得洁净，又能在变旧之后随着表面的薄膜剥落而呈现出破败之美。无论是新品还是古董，都因其符合自然风格而备受欢迎。试试将其运用在厨房、照明、园艺中吧。

在水槽前方，固定放置海绵和刷子的物品便使用了珐琅制品。

# 面向自然风格的推荐商店

让人感受到木材肌理和温暖感的白色家具也很适合自然风格。

在一系列天然木色调的家具中，添加一把白色的椅子也很棒。

松木 x 白色马赛克砖的组合也长年得到人们的喜爱。把手等物品的选项也有很多。

## Momo Natural
## 自由之丘店

在冈山县拥有自家工厂的家具制造商经营的内装商店。使用天然木材打造的自然系家具种类繁多。对应于日本住宅的家具尺寸以及合理的价格都是让人喜欢的地方。照明、窗帘、杂货等物品也相当吸引人。

www.momo-natural.co.jp
东京都目黑区自由之丘 2-17-10  Hale Ma'o 自由之丘大楼 2F  电话：03-3725-5120  11:00~20:00 不定期休息  另外在横滨、名古屋、大阪、西宫等处设有分店。

## 北之住设计社

从木材的干燥这一工序开始，便由自家公司完成。由北海道工坊的工匠们一件件亲手打造的家具，既有天然木材的温润感，又具有杰出的设计感，并且完全使用天然材料组装而成，可以说相当讲究。这些家具与经过严格挑选的生活用品在总公司经营的商店中整齐排列，商店还设有咖啡馆，去到那里就像做了一次旅行一般。

www.kitanosumaisekkeisha.com
北海道上川郡东川町东 7 号北 7 线  电话：0166-82-4556  10:00~ 18:00 周三休息  另外在札幌、东京・等等力、名古屋设有直营店。

餐具、靠垫、海报、照明等经过挑选的物品也非常有魅力。

家具的摆设让人联想到生活的场景。

上油的枫木做成基座，再配上亚麻布灯罩，组合而成的落地灯。

接受厨房定制以及翻新工程的委托，可以打造整个空间。

柚木制作的台灯，可以选择棉布或亚麻布的灯罩。

实际用手触摸，感受木材的温润。二楼是并购的窗帘店。

## The · Pennywise
## 白金展示厅

具有自然风格的样板式商店，在多个年龄段都有忠实顾客。使用松木或柚木的天然原木上蜡后制作的原创家具，越用越有味道，能够让人切实地感受到天然家具的优点。

www.pennywise.co.jp
东京都港区白金台 5-3-6 1F  电话：03-3443-4311  11:00~19:30 周二休息  另外在神户设有分店，在东京・胜关、广尾设有出售古董家具的并购店。

# 北欧风格

*rule*
墙壁的展示

*rule*
色彩

*rule*
北欧设计师的家具作品

最近更换了沙发。汉斯·J.韦格纳（Hans J. Wegner）设计的沙发成了起居室的主角。"尽管价值不菲，但是好东西能用很久。"

汉斯·J. 韦格纳设计的
Y 型椅、阿尔瓦·阿尔
托（Alvar Aalto）设计
的凳子、阿诺·雅各布
森（Arne Jacobsen）
设计的 7 号曲木椅等代
表了北欧设计的椅子汇
聚在餐厅。

*rule*
北欧的日用品

*rule*
照明

*rule*
北欧设计师的家具作品

rule
纺织品

rule
纺织品

朋友聚会时使用的桌布也是北欧产的纺织品。铺上这样一块布，整个氛围便会不同。尽管不会频繁使用，但拥有这些物品便很开心。还可以灵活运用它们制作布板、孩子的包袋等。

rule
北欧的日用品

餐厅的这个抽屉柜是丹麦产的古董家具，进深为 30 厘米，不会成为障碍。这里是笔记本电脑和充电器的固定存放处，抽屉里则放餐具等。

进门处放置的小抽屉柜。在北欧家具中发现这样的小物件，能够应对各种场所。小抽屉柜便用来收纳手帕、纸巾等。

无印良品的墙上挂架用来摆放装饰品，同时作收纳用。「为了不形成自然风格的印象，使用黑色物品加以点缀收敛。」

*rule*
墙壁的展示

*rule*
北欧的日用品

购买这幢二手独栋楼房后进行了翻修，厨房也与北欧风格相契合，厨房设备让人感受到极简×木材的柔和。

## 柔和与现代，再加上玩乐心
## 北欧风格的魅力充满整个空间

因为大学专业是"住居学"，吉田对室内装饰的喜爱可以说到了"坚不可摧"的程度。年轻的时候着迷于"中世纪现代风格"（Mid-Century Modern，美国 20 世纪 50 年代的风格），结婚后却开始喜欢北欧风格，不经意间已经过去十二三年了。

嫁妆中的家具也是北欧的复古橱柜，现在被用作餐具柜，放在起居室中协调空间氛围。"柚木材质、带有柜脚的轻快设计，百叶式的橱门等，都是北欧设计的元素，一直以来都很喜欢。"

北欧家具设计中有自己原本就很喜欢的现代元素，同时还具备木质的温和感，非常适合一家人共同生活的空间。尽管价格不菲，但还是一点点地添置，有些东西则用替换布料的办法，非常爱惜地长期使用。"虽然已经是五十多年前的设计了，却一点都不过时，还是很现代。与日本的物品搭配使用，效果也很好。"

吉田家给人印象深刻的地方，是灵活地将墙壁作为展示与收纳的场所。"看了北欧人的室内装饰，总感觉他们非常善于利用墙壁，就想着要营造类似的氛围，每天都满怀愉悦地改变、调整家里的样子。"

吉田的博客：mummo 家中的时间　http://mummo.blog.fc2.com

*rule*
墙壁的展示

*rule*
色彩

北欧纺织品制造商 Klippan 和 Mina Perhonen 的合作款毛毯被当作床罩使用，是日元升值时期，直接从北欧订购寄送过来的。

*rule*
色彩

瑞典设计师设计的 String Pocket 系列搁架，进深较浅，是取放都很方便的墙壁收纳架。在卧室安装了两组。

*rule*
墙壁的展示

在卧室一角放置的桌子是 Standard Trade 的产品。墙上 String Pocket 搁架上展示的则是 Lisa Larson 的小摆件。

左：厨房一角。砧板和厨房用纸架都挑选了质感良好的木制品，与北欧风格相契合。中：在Scope购买的Artek牌凳子也一同加入餐厅的家具阵营。右：黄色的靠垫来自挪威品牌Roros Tweed。灰色靠垫则是瑞典女设计师比约克（Bjork）亲手制作的。

左・中：起居室的橱柜中展示的则是一点点添置起来的北欧餐具。富有魅力的餐具还有很多，自己确定的上限便是橱柜能够容纳的数量。北欧的复古家具连细节都非常完美，使用起来也很方便。右：Lisa Larson出品的短裙主题花瓶和iittala的烛台随意地摆放着，倒成了一种装饰。

左：Mina Perhonen出品的这个懒汉布偶也与北欧风格的氛围极为协调。中：凯·玻约森（Kay Bojesen）设计的木偶玩具非常可爱，可以变换各种姿势，还能像这样挂在植物上作为装饰。右：Mina Perhonen出品的靠垫，「从这样的产品中能够感受到与北欧设计相贯通的世界观。」吉田如此说道。

# 北欧风格

最初购买的北欧家具是远处的橱柜，是三重县 Comfort Mart 的产品。桌子从 Unico 购入，椅子也都挑选了北欧设计。

*rule*
墙壁的展示

*rule*
照明

*rule*
北欧设计师的家具作品

遍寻与北欧风格的家具相协调的电视柜，最终选择了北海道 Sac Works 制作的这款。左边的抽屉柜是凯·玻约森的设计。

*rule*
墙壁的展示

*rule*
北欧的日用品

*rule*
北欧设计师的家具作品

# 雅致的北欧家具 × 可爱的杂货
# 在公寓房中享受北欧风格

"喜欢上北欧风格是从食器和纺织品开始的。看到那些可爱的物品，就开始查找相关信息，于是更加沉迷其中。"F告诉我们。之后，为了纪念长子出生，就买了现在放在餐厅的复古橱柜。那之后，就一直喜欢北欧风格。不仅是家具，纺织品和照明用具等也都一点点地添置起来。还从北欧直接网购可爱的杂货、器皿、复古纺织面料等等。

"丈夫看了北欧的复古家具，也会感动地说'感觉很温暖呢'，这也是我们家转变为北欧风格的原因。我想要的空间风格，不应该是仅仅依照我一个人的喜好打造，而应该让家里人都觉得舒适。"另外，北欧风格与日式物品也很契合，能很好地融入普通的公寓住房，这些都是F家决定打造北欧风格的原因。

确立房间整体印象的家具营造了平静的氛围，F也将空间整理收拾得简单干净。但是，她还是会用北欧的杂货做装饰，或者享受偏北欧风格的食器带来的时尚感。尽管很喜欢简单的生活，却也无法舍弃为生活带来乐趣的"喜爱之物"。对装饰的空间进行限制，有意识地控制自己不过度装饰，保持简单舒适的同时，打造一个充分享受北欧风格的空间。

F 女士的 Instagram 账号：ruutu73

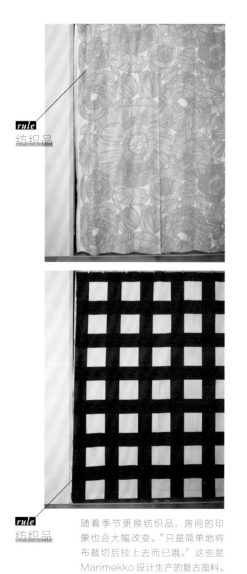

**rule**
纺织品

**rule**
纺织品

随着季节更换纺织品，房间的印象也会大幅改变。"只是简单地将布裁切后挂上去而已哦。"这些是Marimekko 设计生产的复古面料。

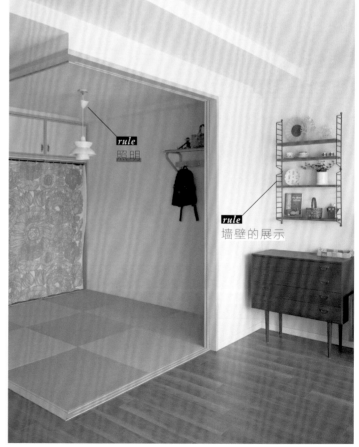

**rule**
照明

**rule**
墙壁的展示

与起居室相连的和式房间地面选用无边的榻榻米，将壁橱的移门撤除，改用北欧风格的布料。这样一来，两个房间自然地融为一体。"北欧风格与日式物品能够很好地搭配，这种优雅娴静的感觉让人喜爱。"

上：「勉强在这个空间放置大沙发反而会感到逼仄」，因此特意选择了单人沙发。这是汉斯·J·韦格纳的作品，在位于福冈的家具店Humming Joe购入。下：和式房间的墙壁上安装的搁架是在长野·上田的Haluta发现的。这些古董是可遇不可求的，所以不仅会去现场探寻，还会在各个网店查询购买。

上：Arabia出品的Teema系列马克杯，购全了所有颜色。「很喜欢色彩缤纷的样子，而且客人来的时候，也能分清楚各自使用的杯子，很方便。」下：北欧的篮筐多用白桦树皮和松木制成，外观可爱，而且可以用作收纳用品，具有实用性。

*rule*
北欧的日用品

F女士正往她的收集中添加小而可爱的器皿。「直径17—18厘米的器皿，可以匹配的使用场景更多一些，个人非常推荐。」

这些物品不仅可以作为器皿使用，还可以时不时放回架子成为装饰。会利用日元升值的时期，在国外拍卖网站购入。

*rule*
北欧的日用品

芬兰品牌Aarikka的这个木罐也是古董，用来收纳制作蛋糕的材料等，放在开放式架子上作为可见的收纳。

*rule*
墙壁的展示

*rule*
北欧的日用品

厨房另一侧的搁架与下方的抽屉柜都是宜家的产品，购入后自行组装而成。搁架上不会一个劲儿地摆满东西，而是在展示与收纳之间保持良好的平衡。

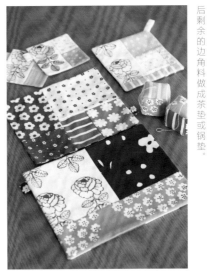

左：伊马里·塔佩瓦拉（Ilmari Tapiovaara）设计的椅子。平时贴着墙放置，客人来的时候便移到餐桌处发挥用处。中：清扫用品只要对设计样式有所讲究，就可以像这样放在外面，必要的时候随时可以使用。这款是瑞典品牌Iris Hantverk的商品。右：用Marimekko布料裁剪后剩余的边角料做成茶垫或锅垫。

左：凯·玻约森设计的猴子木偶，垂吊着的样子格外可爱。中：Artek出品的凳子，坐上去很舒服，也可以用来放东西，还能作为空间氛围的调剂，简直是万能。右：Nymolle、Rorstrand、Arabia三家设计公司出品的盘子挂在墙壁上。「每件物品背后都有故事和回忆」，比如为了纪念孩子的生日购买。

左：瑞典设计师负责设计的Muuto系列灯具。只需在灯座上安装专用灯泡便完成的简约设计。中：厨房使用的刷子也是木制品。挂在排气扇罩壳上便于取用。右：「优质的家具在购买时也许会觉得价格昂贵，但可以持续使用几十年。从最终的结果来看就觉得一点都不贵了。」魏格纳设计的CH23椅，在网络商店Chloros购得。

37

# 北欧风格

自20世纪50年代开始,北欧的家具和设计便受到世界瞩目。在日本也掀起好几次浪潮,如今已经完全确立为一种风格。

北欧国家冬季寒冷、气候恶劣,因此人们会有很长一段时间待在室内,于是想要将室内打造得更为舒适,在室内装饰上花费大量心思,似乎已经成为北欧国家的特色。另外,为了提高自身的国际竞争力大力发展设计产业的国家也有很多。这些都让北欧成了世界设计产业的重镇。

没有多余的装饰,简单而具备功能性是北欧家具的魅力所在。使用天然木材的设计占绝大多数,让人感受到天然木材温润感的同时,保持简单的设计,这一点很适合与空间有所限制的日式房屋相互结合运用,也是受到人们喜爱的一大原因。而且,大多数名家设计的北欧家具一旦投入生产,就会连续五十年以上产出,长期保持热销,永远不会过时,这又进一步让它能长期获得人们的喜爱。另一方面,除了家具,照明灯具、日用品、纺织布料等让室内装饰更显丰富的物品也极具魅力,人们可能会因为其中任何一件物品而成为北欧风格的爱好者,这也可以说是北欧风格的一个特征。简单而兼具功能性的物品,富有玩乐心的物品,以及加入了缤纷色彩的东西等等,让人为之心动的东西非常丰富。

汉斯·J.魏格纳设计的Y型椅,手工打造的温润质感是一大魅力。(图片提供:Actus)

阿尔瓦·阿尔托设计的圆凳,凳面由油毡制成。(图片提供:Scope)

伊马里·塔佩瓦拉设计的椅子,纤细优美的造型颇受女性喜爱(图片提供:北欧家具Talo)

## 法则 1　添置"北欧设计师的家具作品"

首先,需要了解北欧的设计师们。特别是芬兰的阿尔瓦·阿尔托、瑞典的汉斯·J.魏格纳、丹麦的阿诺·雅各布森。这些大师设计了大量家具,其中很多款式至今仍在生产销售,已经超过六十年的历史,这些家具也已经成为北欧风格的鲜明标志。

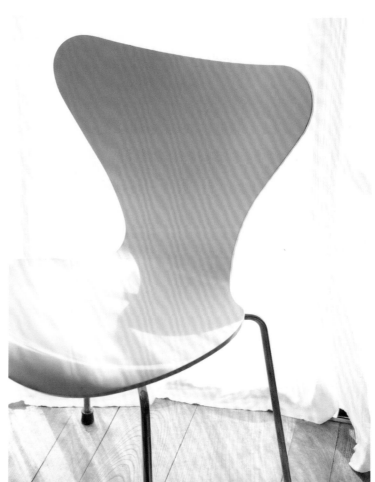

阿诺·雅各布森的7号椅,按照身体的曲线,用模压胶合板打造出优美的线条。

将入墙五金件隐藏起来的简单搁架，选择与墙面统一的白色。这是宜家的产品。

## 法则 2 增加 "墙壁的展示"

在日本，人们很少会将装饰品展示在墙壁上，相比之下，翻看杂志上介绍的北欧国家的室内装饰，便会注意到他们非常着迷于利用墙壁空间，有些用艺术作品挂在墙上作为装饰，有些则是在墙壁上安装搁架展示杂货。墙壁是最容易进入视野的地方，只要增添一些小物品，就能立刻让人切实感受到北欧风格。

左：Menu 系列以半圆为主题的搁架，在房间安装了好几处，让墙壁显得更为生动。右：String Pocket 系列产品宽度较窄，取放都很方便。

littala 出品的铁锅，附有可以拆卸的木把手，还在电影《海鸥食堂》中出现过。

用白桦树皮制作的篮筐是北欧的手工艺品，现在被用作纸巾盒。

## 法则 3 添置 "北欧的日用品"

在北欧的日用品中总会发现兼具功能性和优美设计的物品。这是因为 20 世纪初发起的设计运动，让北欧人开始重视与生活密切相关的日用品设计。在每天使用的过程中，能够同时感受到可爱优美和使用便利两种属性，会增加人们对生活的期待。

烛台和花器的优美花纹就像绘画一般。

将古董布裁切拼缝制成窗帘，这个做法还能应用于好多地方，是个很不错的主意。

## 法则 4　增加"色彩"

在日本，大家都比较倾向于少用色彩。而在北欧的室内装饰中，色彩是不可或缺的。也许是受到电影《海鸥食堂》的影响吧，人们列举北欧印象的颜色时，首当其冲便是蔚蓝色。还有国旗上的黄色、红色等，也被当作是北欧风格的色彩。建议从杂货等小物品开始往屋内增添色彩，这样比较容易上手。而对一整面墙壁上色的话，可以考虑使用彩色壁纸的方法。

## 法则 5　采用"纺织布料"

色彩鲜明又落落大方的设计让芬兰品牌 Marimekko 广受欢迎，还有其他几个北欧纺织布料品牌的产品也很有魅力。宜家的布料设计也因为图案新颖特别、种类丰富多彩而颇受瞩目。靠垫、布板等可以轻松购入，一下子就能制造出北欧风格的氛围。

墙面刷成了偏灰的淡蓝色，哪怕只涂一面墙，对整体空间的影响也很大。

## 法则 6　添置"照明用具"

为了更为舒适愉快地度过漫长昏暗的冬季，照明用具不仅广泛进入北欧的家居生活，也在北欧得到了进一步发展。从天花板垂吊下来照亮整个房间的水平吊灯、照亮桌面空间的台灯、放在角落打造空间纵深感的落地灯等，多种灯具组合使用的方法尤为推荐。从灯罩内透出的光芒和墙壁上落下的光影，都让人乐在其中。

左边的 PH5 极具存在感。右边的 Doo-Wop 是近几年的复版产品。两者都是 Louis Poulsen 公司的照明产品。

# 面向北欧风格的推荐商店

店内还销售仿造古董家具制成的家具。

原本是专门为鞋匠设计的工作凳，这个形状让人即使坐很久，也不会感到累。

以北欧家具为首的高端品牌家具排列整齐，让人安心地进行挑选。

## Actus　新宿店

店内不仅陈列了家具和杂货，还有食品、身体保健用品等，是一家向人们展示更丰富的生活方式的商店。有很多商品是超越年代存续下来的，北欧的物品所占比例很大，商店面积大，让顾客看得很满足。另外还有古董的售卖。

http://www.actus-interior.com
东京都新宿区新宿 2-19-1 BYGS 大楼 1·2F
电话：03-3350-6011　11:00~20:00
不定期休息　另外还在全国设有直营店、连锁店等。

## 北欧家具 Talo

在神奈川县一处幽静的仓库中，整齐排开的是从丹麦和芬兰运送来的古董家具。每年五六次直接去往当地采购，将货品经过修缮后销售。尚未修护的存货也一并展示出来，在大量家具中仔细观看、斟酌，这本身也让人觉得愉快。食器、照明用具、海报等物品也有销售。

www.talo.tv
神奈川县伊势原市小稻叶 2136-1　电话：
0463-80-9700　10:00~19:00　周二休息

与市中心的店铺不同，空间非常宽敞，一次可以看很多物件并进行比较。

以寻宝的感觉挑选家具非常快乐。如果自驾前往，也推荐沿访寺庙。

古董 7 号椅，经年累月后能感受到新品所没有的韵味。

由妮娜·乔布斯（Nina Jobs）设计制作的靠垫套。刺猬主题很受欢迎。

因为材料经年变化后非常漂亮，所以准备生产特别版。一共有 18 种颜色，挑选的过程也让人很享受。

Artek 的著名产品 60 Stool。Scope 特别订购了多种颜色的油毡款，结果还是持续不断售罄，是非常受欢迎的商品。

Dansk 的珐琅锅。黄色、浅蓝色等让人感受到北欧风格的颜色很吸引人。

## scope

在喜爱北欧风格、喜爱室内装饰的人群中备受欢迎的 Scope 是只通过网络售卖的商店。通过自身的渠道与北欧各生产商建立合作，独此一家的特别版本和复刻版产品不断涌现。同时销售与北欧风格相搭的日产器物、杂货和厨房用具等。商品介绍也充满原创性，登载漂亮的照片，让人们感觉像是阅读杂志一般。

www.scope.ne.jp
仅通过网络销售，未设实体店铺。

# 法式优雅风格

如何营造法式优雅风格

## rules

案例　铃木家

*rule*

砖瓦、瓷砖的质感

*rule*

优雅的线条

矮桌和皮沙发都是古董，
主沙发是现代风格，三
者相互平衡地融合一体。
暖炉采用了不会太过显
眼的简单设计。

桌子原本一直在 Nature Décor 的办公室使用，后来被屋主买回。工业设计风格的照明用具则从美国 Restoration Hardware 网购。

*rule* 富有韵味的老家具

*rule* 少许现代风格的元素

# 在优雅中加入简单风格
## 不会过于浓重的女性气息很受欢迎

在靠近海边的度假区，铃木家打造了法式优雅风格的独栋楼房。主人在曾经长期居住的美国和旅游目的地，都很喜欢逛跳蚤市场和内装商店，积少成多的杂货也让房子的内装形象渐渐丰富起来。多年来一直在寻找能够让他们按照喜爱的风格完成室内装饰的伙伴。终于，与擅长法式风格设计的建筑设计事务所 Nature Décor 相遇，完成了居家空间的打造。

自幼便学习钢琴的铃木女士，对老师家中有着浓厚欧美氛围的室内装饰感到非常亲近。"这便成了我自己考虑内装的起点吧。但是现在并不喜欢太过浓重的氛围，而更想要轻松明快的感觉。"

在他们的室内装饰中引人注目的是富有历史感和恰当韵味的古董家具。作为整个空间的主角，拥有不容忽视的存在感。然而，古董家具其实在空间中所占比例并不多，因为铃木家想要打造的是法式优雅风格。"起居室是家人休憩的场所，因此需要特别有意识地控制程度，不能太过浓重。"加入黑色和灰色等雅致的色彩也是一大要点。空间不会太过女性化，最终完成时保持了良好的平衡感。

铃木家的内装设计 建筑设计事务所；Nature Décor　www.nature-decor.com

rule
富有韵味的古董家具

rule
优雅的线条

rule
少许现代要素

左：在位于横滨的 Aje antiques 购买的抽屉柜。将生活中种类杂多的物品存放在内，能消除过多的生活杂乱感，是能让人充分信赖的物件。
右：具有厚重感的古董桌搭配埃罗·沙里宁（Eero Saarinen）设计的郁金香椅，是来自 Nature Décor 的建议。

*rule*
砖瓦、瓷砖的质地

上左：独创设计打造的厨房。橱门面板使用的是旧木材，增添复古气息。上右：由于添加了黑色或灰色的元素，铃木家的法式风格绝非仅是甜美，还给人优雅的印象。下左：在用杂货进行装饰时，"会考量整体的平衡感"。下右：将古董木制鞋模用作书挡，同时也是一种装饰。下中：具有厚重感的矮桌是 Nature Décor 转卖而得的物品。

rule
*优雅的线条*

长女房间的照明使用了水晶吊灯。因为选择了白色铁制品，营造出轻柔的氛围。从 Mobile Grande 购入。

按照芭蕾舞鞋的感觉制作的衣橱布帘。与窗帘一起在 Lobjie 定制。

"已经是中学生的女儿的房间，就完全按照她的喜好，打造极致的女性化风格。"用完全的法式风格，打造梦幻空间。家具是在 Blanc de Juillet、Demode 等网店购买的。墙壁只有一面涂成了浅紫色。

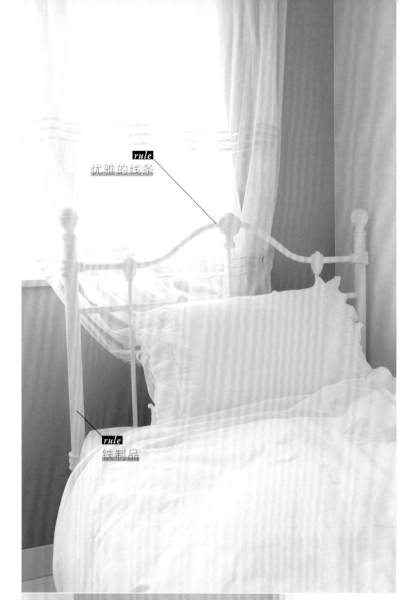

rule
*优雅的线条*

rule
*铁制品*

rule
*使用窗帷*

左：起居室上方是挑高的，可以垂吊大型水晶灯。中：起居室收纳柜的橱门是特别制作的，使用了法国当地的五金配件。对细节讲究到如此程度，空间整体的质感便会有所提升。右：楼梯处选用的照明用具有着复古情调。两盏灯较一盏灯显得更时尚。

左：洗面台的五金部件也符合法式优雅风格的氛围。台面则使用黑色，起到收敛的效果。中：从天花板垂吊而下的绿色植物，吸引人们的视线向上，是一个很好的点缀。右：在 Aje Antiques 购买的富有韵味的古董门板，用来作玄关处的大门。

左：挑高层的栏杆使用钢管制作，以此添加一些粗旷的感觉。中：长女的房间内用紫阳花干花做装饰，女儿想要用来装饰房间，便放在了书桌上。女儿可以说是继承了父母的良好品位。右：铃木称自己已经被一些带有支脚的杂货吸引。烛台也是营造法式风格不可或缺的物品之一。

# 法式优雅风格

一如名称所示，这一风格正是以法国的室内装饰为灵感而形成。使用老旧却富有韵味的古董家具及其他内装物件，运用白色、米色以及浅色、灰色，打造出柔美、优雅的氛围。本书中所提出的这个"法式优雅"的名称，其实也可以与美国人气设计师掀起的"复古优雅风"或"法式乡村风"等相提并论，进一步理解。

有着优美线条的家具和杂货、照明用具，以及份量感十足的纺织布料等都体现出一种优雅、女性化的氛围。尽管如此，仅就名称中加上"优雅"一词，便与那种爱用花边和蕾丝、特别女性化、讲究细节、用焦糖色古董家具共同营造出浓重氛围的欧式风格完全划清界限，法式优雅风格更多会添加简单的元素。这样一来，就会转变为轻快的氛围，比传统的欧式风格更适合日本的住宅和日本人的喜好，因此也更受欢迎。

在法国，传统建筑一般用石头和砖瓦修建而成，将这些材料的质感在空间各处加以展现，也是这种风格的特点。

星星点点的掉漆处，营造出复古情调。灰色系也符合这个风格的基调。

原本是屠夫桌的法国产古董家具。漆成灰色非常有魅力。（图片提供：Mobile Grande）

## 法则 1 添置"富有韵味的古董家具"

法式优雅风格的核心要素便是古董家具。放置一件长期使用后散发韵味的家具，可以说是形成这种风格的捷径吧。当然，要注意的是不能选择那种深焦糖色、厚重且格调过高的英式古典家具，而应该选择稍显轻快的设计，有些许掉漆、有时光痕迹的家具更符合这个风格。

皮质的单人古董沙发作为法式优雅风格空间的点缀尤为合适。

## 法则 2　多用"优雅的线条"

优美及女性氛围是这一风格不可欠缺的要素。曲线可以为空间增添柔和度，这种风格的关键也在于挑选家具和内装物件时特别注重线条。只要有一盏水晶灯便能让整个空间熠熠生辉，因此水晶灯可以说是法式优雅风格的关键物品。另外，在家具的支脚、沙发的扶手、杂货的选择上多利用曲线也是很不错的方法。

哪怕只是家具的支脚，也选用弧形，能为整个空间增添柔和的感觉。

水晶灯即使不打开照明，其本身所散发的存在感也很有魅力。房间里只要有这样一盏水晶灯，就已经很接近法式优雅风格的氛围了。

将灰色的地砖石按照人字形铺贴在厨房地板上，带来法国式的优雅感。

## 法则 3　添加"砖瓦、瓷砖、石头等材质"

法国的住宅从很久以前便习惯使用砖瓦、瓷砖、石头等材料。对法式优雅风格而言，相较于那些光滑发亮的材料，能够感受到材料自身质感的物品应该更为合适。可以在厨房或盥洗室使用这些材料，也很推荐在起居室的墙壁上添加一些作为点缀。

黑色、灰色的地砖为法式优雅风格增添了低调的氛围。

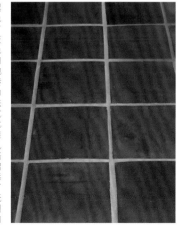

盥洗室地板使用石板，这里使用的是伊豆石。

## 法则 4
## 增添"现代风格元素"

如果房间里都是古董家具或装饰性物品，对日本式的空间而言，很容易形成装饰过度的印象。适度地添加一些现代风格或样式简单的物品，以保持良好平衡，便能让空间色彩变得轻快，也更符合法式优雅风格。有意识地混合使用曲线和直线，利用黑色或灰色让空间显得低调内敛，掌握整体的平衡感会更有效果。

左：做成水晶灯造型的蜡烛架从天花板垂吊下来。从新西兰购入。右：伞架自然地放置即可，取放都很方便。（图片提供：Mobile Grande）

铁艺装饰的质感很有魅力。（图片提供：Orné de Feuilles）

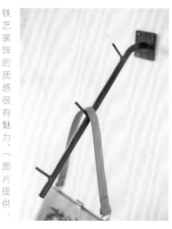

## 法则 5　添置"铁艺装饰"

在欧洲，很早以前便拥有打造铁艺家具和装饰品的技术，从中也能发现很多造型优雅的设计。这些铁艺装饰多用于室外，其实室内装饰品的种类也很丰富。窗帘杆、楼梯扶手等处运用铁艺装饰便是一种做法，还有镜子、烛台、照明用具等，可以发现很多不需要额外安装的物品。漆成白色、灰色的物品也很引人注目。

## 法则 6
## 使用"足量的布艺装饰"

雅致、优美是法式优雅风格的信条，因此使用大量布艺装饰，比如窗幔，是最为贴合的。另外，布艺装饰的柔软也会为整个空间增添温暖的氛围。为了不造成过于厚重的印象，可以尽量选择透光度好、阳光照射后显得更美的布料。

拥有优美透明感的窗幔。（图片提供：Sarah Grace）

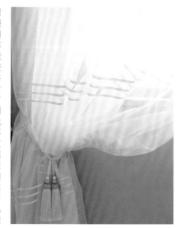

窗幔用布量较多时，用流苏收起来的样子也很优雅。

# 面向法式优雅风格的推荐商店

有着猫足型椅脚的椅子，能够营造优雅的氛围，让人不由得想要添置一张。

店门简直就是重现了巴黎商店的景象。

家具的颜色以白色和 Sarah Grace 称之为"法国灰"的有着温和色调的灰色为主。

## Sarah Grace

进入店内，让人不由惊叹，所有摆设统一完整地体现了法式优雅风格的世界观。以白色和灰色作为基调的古董家具，以及按照这种风格进行设计的进口家具、原创家具排放着，都是些可以常年使用的物件。食器、布料品、装饰件等种类也很丰富。

www.sarahgrace.co.jp
东京都港区南青山 6-13-25 南青山 TM 大楼 1F 电话：03-6419-7012 11:00~19:00 不定期休息 另外在东京·自由之丘、银座都设有店铺。

## Mobile Grande

位于大阪住宅区一幢三层楼房的临街店铺。有着 250 坪（约 826 平方米）的充足面积，很有看头。店内摆放着以法国生产为主的进口家具和杂货。古董家具、复古仿制家具以及用自然涂料漆成的家具等，都是些越用越有味道的商品。从家具、照明灯具到窗帘，各类商品一应俱全。

www.mobilegrande.com
大阪府池田市满寿美町 11-20 电话：072-751-4701 10:00~18:30 周二休息（若逢假日则营业） 另外在西宫阪急内设有店铺。

宽敞的店内，每个角落的展示都会营造不同的氛围，让人们对法式风格的印象不断扩展。

露台上可以享用免费咖啡，悠闲地沉浸在内装的世界中。

店内还能看见品种丰富的钩子、把手等DIY零件，毫不懈怠地在细节上再现法式优雅风格，让人们在这些小地方也能够坚持自己的喜好。

在店内各处都能感受到法国情结，就连陈列用具和五金件用的也是古董。

## Ornè de Feuilles

在法国生活过很长时间的老板以巴黎郊外的住家为原型打造的杂货和内装商店。从 Astier de Villatte 牌的食器，到用以打造法式优雅风格的杂货、照明、DIY 材料等等都能在这里找到。位于目黑的姐妹店 Boiserie 则专门销售家具。

www.ornedefeuilles.com
东京都涩谷区涩谷 2-3-3 青山 O 大楼 1F 电话：03-3499-0140 11:00~19:30（周日、节日 ~19:00）周一休息（若逢节日则营业） 另外在东京·目黑、吉祥寺有姐妹店。

# 亚洲风格

餐桌和椅子等决定基调的家具，都选择暗棕色的物件。能够与绿色植物和亚洲纺织品相互映衬，营造安定平静的氛围。

**如何营造亚洲风格**
## rules
案例　T 家

*rule*
亚洲纺织品

*rule*
植物编织品

使用挂画线将木雕工艺
品垂挂在墙壁上作为装
饰，东方传统的设计让
亚洲风情一下子变得浓
郁。现代风格的照明灯
具则与其呼应，成为
亮点。

*rule*
大株绿色植物

*rule*
大地色系

*rule*
植物编织品

## 以度假村的休闲感为样板
## 创造摩登 & 舒适的亚洲风格

结婚后，T 氏夫妻在两居室的套房开启了新生活。准备搬入新家的同时，开始了家具的挑选工作。两个人都喜欢去亚洲国家旅游，"想要做成亚洲风情的度假村那种轻松的氛围"——对室内装饰的想法就这样立刻达成了一致。

在搬家前，两个人亲自逛了各种商店，发现与想法极为贴合的是 a.flat 的家具。"虽说是亚洲风情的家具却不会过于质朴，具有现代感。从尺寸上来说，也非常适合套房的空间。干净利落的设计成为决定性因素。"

相较于浓郁的异域风情，其实夫妇二人更喜欢度假酒店那种精致的空间，对他们而言，这家店可以说是理想中的商店。"从家具到纺织品，一家店里就能全都搭配完成，这一点也非常重要。只靠自己的力量，在各个商店购买的东西很难搭配出统一协调的感觉。"

两人都要上班，每天都很繁忙。在这个房间放松的时间，对他们而言就是得到抚慰的时间。来 T 家玩的朋友也会评价"能让人放松""感觉松了一口气"。

购买家具的商店：a.flat　http://aflat.asia

上：大花图案让人印象深刻的提花织床上用品也是在 a.flat 购买的。让人联想到身处海洋中的深蓝色，一见倾心。左：矮柜上的摆设是妻子负责的。在椰树叶制作的托盘上，用贝壳、海星点缀搭配。下：植物图案的地毯一下子就将人们的视线吸引住。"今后，会根据季节进行更换，想要体会其中的乐趣。"很喜欢这款水草编织而成的沙发，一看到就决定买下。

**rule**
大株绿色植物

**rule**
植物编织品

**rule**
大地色系

左：丈夫的父母赠送的编织挂毯。因为挂在墙上做装饰，完全就是一件艺术品。中：木制的墙面装饰件是去菲律宾旅游时购买的。右：藤编的灯具是在东京·自由之丘的小店Karako购买的。店里的亚洲杂货种类丰富，价格适中，经常会去逛。编织工艺和图案更为凸显，

左：在玻璃器皿中让人造鸡蛋花浮于水面。富有度假风的人造花，能够轻松应用于装饰中，用途广泛。中：在Karako购买的人造花花束，单单放在架子上就能让人感受到亚洲风情。右：丈夫的父亲亲手制作的踏脚凳涂成了白色，现在被当作展示架摆放绿色盆栽。

左：卧室的照明灯具是在a flat购买的。用削薄的榉树木片拼贴组合而成，新颖别致的形态是一大特色。从木片纹理中投射出来的光线格外美丽。中：在热海的温泉街偶然发现的陶制花瓶。右：与房间氛围相契合的器皿也仕点收集中。茶壶购于Actus，碟子则是在Karako找到的，其他都是在巴厘岛旅行时买的。

# 亚洲风格

所谓亚洲风情，原本是指在亚洲各地流传的，将传统家具与编织物引入室内装饰的一种风格。最近，在室内装饰中较为多见的是将亚洲式的质朴与精致相结合的"度假酒店风"，人们更多地将这种室内装饰称为亚洲风格。越来越多的人想将巴厘岛、泰国等地的高级度假酒店的氛围在自己家里重现。

想要实现这种亚洲风格，家具的选择显得尤为重要。在挑选时，即便要选用富有木材或植物元素的物件，还是要注意选择更贴近酒店风格、干净清爽的设计款式，只有部分是植物编织的家具，这样能够更为轻快地表现亚洲情调。采用柚木等东南亚原产地的高级木材，将家具的颜色统一为深色系，便能演绎出酒店那种高品质的感觉。在现代风且精致的空间中，利用亚洲编织品、观叶植物、手工艺品、木材与石头的摆设等增添原始风情的温暖感。这两者之间的绝妙平衡可以说是完美体现亚洲风格的秘诀。

旅行者对度假酒店抱有"放松""治愈""高级感"的期待。打造一个让人忘却日常喧嚣，得以充分休憩的空间吧。

大多数物品由熟练的工匠亲手编织而成。

上：多生长于印度尼西亚的露兜树叶编织而成的垃圾桶。右：用水草编织靠背和扶手的椅子。（图片提供：a flat）

## 法则 1
### 添置"植物编织品"

在度假酒店经常会看到用藤、水草、香蕉树叶等植物编织而成的家具。原本是为了适应亚热带地区的气候而制作的透气良好的物件，但因其天然材质的温柔触感及质朴感，成为亚洲风格不可或缺的物件。以篮筐为首，用竹子及印尼藤编制而成的杂货等都能营造亚洲风情的氛围。

## 法则 2
### 添置"亚洲的纺织品"

絣织的编织品或手工刺绣、染布等花纹繁多和图案丰富多彩的亚洲纺织品，是为这种风格增添温暖质感的重要元素。铺在桌子或抽屉柜上，立刻就呈现出亚洲风情。同样推荐挂在墙上，当作艺术品一般观赏。亚洲西部和中部的编织物或挂毯也非常贴合这种风格。可以轻松地挑选一些靠垫套或亚洲特色的布料作为开始。

将亚洲纺织品当作桌旗使用也很时尚。（图片提供：KAJA 度假家具）

印度尼西亚的编织物、絣织（Ikat）。（图片提供：KAJA 度假家具）

## 法则 3　增添"大地色系"

将象征着树木和土地的颜色，也就是浅棕色到深棕色的大地色系作为房间整体的基调色彩，是亚洲风格的色彩运用方式。纺织品可以选择能够感受到自然气息的、让人平静安定的色系。用绿色系统一协调后，整个空间会让人觉得身处森林一般富有治愈力。让人联想到海洋和天空的蓝色系则给人清凉的感觉，红色和橙色系能够营造出温暖的氛围。

红色系的搭配方法。（图片提供：a.flat）

## 法则 4　增加"大株绿色植物"

为了再现被树木围绕、充满自然气息的度假地氛围，绿色植物是必不可少的。最佳的选择是叶大肉厚型的深绿色植物。生长在热带地区的椰树、天堂鸟花、美人蕉都是比较容易上手的品种，而发财树、蓬莱蕉也非常适合亚洲风格。花盆最好选择那些不会破坏氛围的简单造型，或者植物编织花盆、陶器等让人感受到天然质感的材料。

---

# 面向亚洲风格的推荐商店

上：靠近地面的生活会让人感觉更放松，特意提供品种丰富的低矮家具。下：藤编的 Kei Low Sofa 是沙发类的热销产品。

### a.flat　目黑通总店

精致的亚洲现代家具，每一件都是原创设计。家具尺寸能够适应日本的居住环境，而且所有沙发、椅子的布套都能脱卸，具有一定的功能性。这里为室内装饰提供的搭配服务备受好评，客人还能轻松地咨询家具配置的相关问题。

http://aflat.asia
东京都目黑区中根 1-14-15　电话：03-5731-5563　11:00~19:00 周三休息（若逢节日则营业）　另外还在东京·新宿、大阪设有分店。

---

### KAJA 度假家具
吉祥寺总店

"想要过度假地般的生活"是该店的理念。店内汇集了印度尼西亚的工匠们原创制作的家具和杂货。使用柚木的旧木材或原木制作的具有上佳品质的家具大受欢迎。在活动区域，还会举办工作坊和作品展等。

www.kaja.co.jp
东京都武藏野市吉祥寺本町 2-2-8
KAJA Building　电话：0422-23-8337
11:00~20:00 全年无休　另外在东京·调布设有分店。

上：一楼是杂货，二楼则按照情景展示物件。左：雕有钻石图案的简约抽屉柜是用柚木制造的。

大片的树叶渲染出南国风情。

# 现代风格

**如何营造现代风格**
## rules
案例　TUULI 家

灰色的沙发从 Moda
en Casa 购入。靠垫
套的材质与设计都不尽
相同，但只要色调统一，
自然会有整齐和谐之感。

*rule*
雅致的配色

*rule*
直线式线条

_rule_
人造材料

_rule_
设计师的家具作品

靠近窗边摆放着的是建
筑家埃罗·沙里宁设计
的"郁金香椅"和"潘
顿椅",这里是阅读和享
受下午茶的咖啡区。

# 统一使用简洁的冷色调
# 打造精致而有型的空间

喜爱单一色调的资深博主 TUULI 拥有众多粉丝。仅用白 × 黑 × 灰打造完成的"单一色调内装"已经被确立为现代风格的代表，单一色调爱好者中，受到 TUULI 影响的人不在少数。

"我喜欢单一色调已经很久了，在潮流出现之前便已经保持这个风格，可以说是相当固执了。"TUULI 笑言道。

TUULI 十一年前购入了现在这间套房。一眼望去空间宽敞、精致有型，让人难以想象是一套仅 65 平方米的普通两居室。在 TUULI 单一色调内装的"历史"过程中，颜色的分配也有过变化调整，现在的她更喜欢用更多灰色、银色和白色，营造轻快的氛围。

尽管用单一色调对整体进行统一，但绿色植物和杂货平衡地配置在房间内，丝毫没有无机感，反而一派娴静舒适的氛围。另外，她经常会检视、调整收纳方法和持有物，有意识地精减物品。对色彩和物品精挑细选才得以实现的极简主义式的舒适，也许正是现代风格所追求的目标。 TUULI 的博客：简单现代室内装饰？ http://blogs.yahoo.co.jp/tuulituulituuli

*rule*
富有艺术感的杂货

*rule*
直线型线条

左：装饰架从宜家购入，在墙面搁架组件上贴上黑色的胶合面板。银色的装饰品、陶制的花瓶都是从 Bo Concept 购入。
右：近几年经过翻新的厨房以白色为基调。日用杂货全都放进厨房操作台下方的抽屉中。

左：墙壁上安装了宜家的不锈钢制搁架。用来收纳文具和文件盒。文件盒的标签是TUULI自己设计的。右：身为平面设计师，TUULI平时都在家办公。将壁橱的移门撤除，改造成工作区。椅子则挑选了Karte公司出品的「Maui椅」。

原本准备放在阳台上的户外用架子，也是在宜家购买。无论是尺寸还是感觉都很适合室内装饰的风格。选择放置在咖啡区。银色材质与绿色植物之间的落差反而营造出时尚的氛围。

*rule*
人工材料

左：直通天花板的大型收纳柜，是在翻新厨房时最先提出来的要求。就算没有橱门，收纳餐具的方式也完全是在做展示一般，从中可以感受到TUULI的美学观念。中：红茶的茶叶和调味料等放入白色的收纳罐中，并贴上标签便于分辨。具有存在感的家电，则都选择显得清爽的白色物件。右：放在厨房操作台上的物品限定为调味料等使用频率较高的东西。

*rule*
富有美感的收纳

rule 雅致的配色

rule 人工材料

以渐变、富有层次的灰色加以协调统一的卧室。代替边桌放置在窗边的铝制手提箱是从The Conran Shop购入。里面收纳的是床上用品，布套等。

rule 具有美感的收纳

rule 人工材料

洗面台以具有洁净感的白色为主色。为了让空间显得更宽敞一些，架子和杂货都选取了具有透明感的玻璃制品，就连化妆用品也精挑细选那些包装美观的物品。

rule 富有艺术感的杂货

rule 具有美感的收纳

将壁橱的移门撤除，用卷帘代替。收纳盒一律选用灰色，衣架则用白色和银色统一。正因为有意识地打造「可见的收纳」，这里完全就像是精品时装店的一角。

左：工作区的墙壁上安装了宜家的磁性板。原本是用来收纳刀具和调味料的，现在用来整理收纳细碎的文具，恰到好处。中：玻璃×陶瓷的组合制作而成的时尚花器是从Bo Concept购入。右：用银色小物统一格调的化妆区。手型的摆件还可以用来收纳首饰，非常方便。

左：抽屉里面的东西也保持单一色调，显得非常清爽。化妆包和白色收纳盒分别收纳了不同种类的药品。中：时尚品牌Diesel与Seletti的合作款餐具，以工具和齿轮为主题设计的形状，新颖别致。右：卧室里铝制的人体模特，不仅是一件漂亮的装饰摆件，还可以用来放置小物件，一举两得。

左、中：让人意外的是，TUCU家的绿色植物都是人造的，不仅打理起来简单，也能对应各种装饰空间，需要添加一些装饰时也很方便，这是一大魅力吧。与单一色调比较契合的类型是叶片较小的绿色植物。右：在树型的衣架上挂了灯泡，打开灯，便会在墙上映照出树木的影子，颇有一番艺术气息。

# 现代风格

如何营造现代风格
## rules
案例 川西家

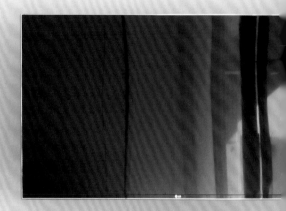

*rule*
直线型线条

安装在墙上的收纳柜，上排是天然色，下排选用白色，特意用不同的颜色显得更为时尚。就好像是浮在半空中一般，营造出轻盈的感觉。

餐桌和椅子从 Arflex 购入。桌子是简约型设计，而且较薄的桌面与具有存在感的桌脚相配搭，让人感受到现代气息。

*rule*
富有美感的收纳

*rule*
直线型线条

# 严选简单而优质的家具
# 充满洁净感的明快现代风

川西家以白色和米色为基调，光照充足、让人心情愉快。干净清爽的空间，与简单现代风的家具相互陪衬，让人难以察觉这是个有小孩子的家庭。买了这套新居的川西一家，除了丈夫的书房，还想要有一个完整的收纳空间，于是委托 Home Design 设计事务所进行家具的定制设计以及整个空间的设计搭配。

"最初想象的画面是摆着黑色皮沙发，富有男性气息的现代风格。"丈夫这样说道。结果最先决定购买的却是在 Arflex 看到的米色布艺沙发。尽管有着简练的设计，却不会显得太过冷酷，一眼就相中了。由此，室内装饰便希望能够配合这张沙发的氛围。

起居室的墙内收纳、书房的收纳架和书桌都按照恰好符合空间的大小进行定制。想要打造现代风格，选用让空间显得清爽的定制家具或者运用组合家具是便利的做法。

在现代风格中，用色彩和素材添加自然感，更显明亮轻快，充满洁净感的现代风格便完成了。

川西家室内装饰设计公司：Home Design　www.home-d.co.jp

摩卡棕×白色的组合营造出时尚氛围，收纳空间也很充足。

与起居室定制的收纳柜相同，书房的定制家具也使用了两种颜色。

光线充足的起居室是一家人休闲放松的场所。"可以完全交给专业人士设计打造，空间舒适，令人满意"。

选用了与现代风格更为贴合的纵向型百叶窗帘。强烈明亮的光线将简单设计的家具衬托得更利落。

*rule*
直线型线条

*rule*
雅致的配色

左：玄关墙壁所使用的材料是呼吸砖（Eco Carat），极为有效地调节室内湿度。不仅让墙壁呈现出现代感，还兼有减少结露、防臭等功能，非常受欢迎。中：卧室采用了灰色和棕色的组合，营造出酒店套房般的氛围。右：起居室墙上的装饰架。家庭相片和绿色植物等用作装饰的物品仅限于这个架子，空间保持清爽。

左：儿童椅则选用了Tripp Trapp的产品。介于白色和天然木色之间的色调与家中氛围很契合。中：伊莱克斯生产的Ergorapido系列吸尘器，外形富有时尚感，即使摆在外面也不会破坏空间的整体氛围。右：正因为是在一个简单的空间内，绿色植物和鲜花才显得更为突出显眼。

左：起居室定制的整体收纳柜，左侧打造成抽屉式。分为上下两个部分，大幅提升了收纳力和便利性。中：各个房间的门做成百叶式，"通风良好，还具有设计感，改成这样是正确的选择"。右：书房的架子上整齐着书籍、文件和打印机。这种定制家具的好处在于可以事先设想好物品的收纳整理。针对性地设计。

# 现代风格

进入现代社会以来，在室内装饰中采用之前没有的材料、技术、设计等，并以此形成的风格被称为现代风格。20世纪50年代左右风行的"中世纪现代"可谓其中的代表风格。当时还是新材料的塑料和胶合板在设计中得到应用，让人耳目一新且具有设计感的家具层出不穷。

另外，多用优质的天然皮革、玻璃和钢制品打造极简主义现代家具的"意大利式现代"，也可以说是其中的代表。

打造现代风格的关键在于有着简洁鲜明线条感的家具和去除多余装饰的简单空间，在间隔和留白中发现美。这种"减法美学"可以说是现代风格的精髓所在。在美术馆、画廊及都市酒店中经常会发现这种风格，也是因为这样的空间能让人同时体会适度的紧张和宁静。

最近，经常会看到在鲜明冷硬的现代风格基调中，添加白色及天然木色、金属色等，增加干净休闲感。采用这一风格能够让空间显得更为宽敞，这也令狭小空间或小公寓居住者偏爱的原因。

## 法则 1　选用"雅致的配色"

为了实现冷酷利落的现代风格，最基本的是以黑、白、灰的非彩色系色调为中心，添加茶色、米色等雅致色调进行协调。增加钢制品或玻璃等材料会立刻凸显现代风格。仅使用黑白单一色调显得更为凛冽，加入茶色系则会让气氛显得更为安详宁静。

摩卡棕×白的组合显得明亮清爽。

灰色既显得潇洒，又让人感到轻松。

以深棕色为主进行搭配，营造酒店套房般的氛围。（图片提供：Home Design）

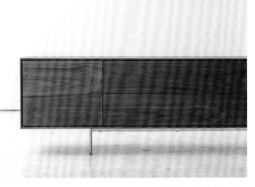
设计简约、极致体现直线条美感的橱柜。（图片提供：TIME&STYLE）

## 法则 2
## 增添"直线型线条"

直线型线条和平整的表面是构成现代风格的重要元素。塑造基调的家具最好选择装饰较少、清爽型的设计。另外，窗台边则推荐使用百叶窗遮挡。在大片的面积中加入直线条，能够使空间显得更为利落。有了这种简单的基调，能够打造设计师家具作品和艺术品相互映衬的空间。

纵向型的百叶窗，其垂直的线条让房间显得更鲜明凛冽。

## 法则 3　采用"富有美感的收纳"

对于以清爽简单为基本元素的现代风格而言，最大的敌人就是"生活的杂乱感"。如果物品繁多、杂乱无章，这种风格便无法实现。容易呈现生活感的东西都尽量收在橱柜中，洗涤剂或调味料等则用统一的容器转装，就算摆在外面也不会影响整体氛围，时常注意保持"富有美感的收纳"。

水槽周围的物品通过严格挑选，尽量保持最少量。放置洗涤剂的吊挂篮是 Eva Solo 的产品。

厨房操作台上仅放置频繁使用的家电。

原包装色彩鲜艳的洗涤剂等都统一用白色容器转装。

## 法则 4　多用"人工材料"

以不锈钢、铁、铝等金属类材料为主，以及混凝土、玻璃、塑料等等无差别批量打造的人工材料是最契合现代风格的。冷硬凛冽的质感，让空间显得更为有型。如果想要拥有轻松休闲的感觉，则推荐挑选网状家具，既可以保持现代风格，又可以营造闲散的氛围。

现代休闲风。（图片提供：Cassina IXC）

铁制的吊灯，散发着清冷的光亮。

世界首款一体成型的塑料制椅子「潘顿椅」。

## 法则 5　添置"设计师家具作品"

二十世纪著名设计师、建筑家设计的家具是现代风格的标志性物件。不乏功能性的美感、具有玩乐心的造型，都散发出主角般的光芒，仅仅放置在空间里，就感觉被现代气息包围。如果觉得椅子和沙发的存在感太过强烈，可以试着先添置一款设计师打造的灯具，作为点缀。

法国建筑家勒·柯布西耶（Le Corbusier）与夏洛特·佩里安（Charlotte Perriand）等人共同设计的沙发"LC 3"。黑色皮革×不锈钢的组合，有着低调的威严感。（图片提供：Cassina IXC）

## 法则 6
## 添置"富有艺术感的杂货"

容易显得没有生气的现代风格空间，可以通过增添富有艺术感的杂货来平衡。抽象形状的雕塑摆件、当代绘画、文字图样的印刷品等等，可以放置这类当代艺术的杂货营造画廊一般的氛围。如果是玻璃或金属等人工材料制成的物品，现代感更会有所提升。

最近颇受欢迎的字母主题摆件。

黑白单一色调的绘画相对而言更容易融入整个空间的氛围，可以轻松地添置一些。

# 面向现代风格的推荐商店

聚氨酯（PU）制的椅面形成的曲线与铝制框架组合而成的漂亮座椅 "Elle"。

重量仅为 1.7kg 的超轻椅 "Super Leggera"。

店内还有很多被纽约现代美术馆收藏的家具设计名作。

## Cassina IXC
## 青山总店

汇集多款现代建筑大师设计的名作，意大利现代家具界一流品牌 Cassina、以及因简练的设计获得好评的原创品牌 IXC 等多款家居品牌的汇总店。以其独特的审美意识对家具乃至杂货精挑细选，俨然成为现代风格的样品屋。

www.cassina-ixc.jp
东京都港区南青山 2-12-4 Unimat 青山大楼 1~3F　电话：03-5474-9001　11:00~19:30 不定期休息　另外在名古屋、大阪、福冈等地设有分店。

## arflex
## 东京店

创立于意大利而在日本发展壮大的品牌 arflex，是以原创设计家具为主，辅以纺织品和艺术装饰等整体搭配的现代家具品牌。为了保证家具能长期使用，还提供售后维护。这是多年老店才能做到的、让顾客放心的优良服务。

www.arflex.co.jp
东京都涩谷区广尾 1-1-40 惠比寿 Prime Square 1F　电话：03-3486-8899　11:00~19:00 周三休息　另外在名古屋、大阪设有分店。

利用绿色植物、照明用具和艺术装饰品进行家具的展示，让人们体会生活感。

追求极致舒适感的 arflex，其代表作品 "A·SOFA 10" 是沙发类的热销产品。

有着流畅曲线的【ARCA】与圆形桌子【BORDO】。

削减装饰部分，简约设计的落地灯【OTTO】。

装有玻璃移门的展示柜，设计主题是东洋与西洋的融合。

店内拥有约 600 平方米的宽敞空间，按照起居室、餐厅、卧室各个场景分别展示家具。

## TIME&STYLE
## Midtown 六本木店

以"再现日本人特有的审美意识"为宗旨，汇集富有时尚感的原创家具的店铺。店内家具都是由日本的手工艺人亲手打造，良好的品质受到广泛好评。同时也提供家具定制和收纳家具翻修的服务。

www.timeandstyle.com
东京都港区赤坂 9-7-4 东京 Midtown Galerio 3F　电话：03-5413-3501 11:00~21:00　全年无休　另外在东京·新宿、东京·二子玉川设有分店。

# 咖啡馆风格

如何营造咖啡馆风格
## rules
案例 F家

**rule**
可见式收纳

**rule**
标志性沙发

安装在墙壁上，让杂志
或书籍封面完全展示的
支架立刻增添了咖啡馆
的感觉。沙发则是真正
的咖啡馆也经常选用的
Karimoku 的产品。

粗犷工业风设计

*rule*

*rule*
如画一般的吧台

无法拆除的房柱涂上黑板涂料或磁性涂料，可以贴上照片或画画写字，反而变成房间的点睛之处，可以说将弊端变成了优势。

Wednesfield
and Wood End
via Wednesfield and
Coppice Farm
via Darlaston, Bentley
and Willenhall
via Darlaston, Bilston
and Stowlawn
TIMESAVER Limited
Stop

Even on bad days, I'll still be happy with you.

WE PROUDLY SELL
MAN
MADE
OBJECTS
LANDSCAPE
PRODUCTS CO. LTD.
SENDAGAYA TOKYO

*rule*
字体设计

*rule*
粗犷工业风设计

*rule*
旧家具

左上：长长的走廊墙壁上，挂着收集起来的海报画框等。"想要一点点增加，做成画廊一般的展示墙。" F 说道。右上：混凝土墙壁直接上一层涂料使用，电线线路则使用外露式的导管。这种粗犷的做法更贴近咖啡馆的形象。餐桌选择的是宫崎椅子制作所出品的"MM Table"。左下：古董市场购买的明治时代的玻璃柜用作装饰柜和收纳。像这样将古旧的物件随意地混合使用也会给人一种类似咖啡馆的感觉。右下：模仿餐馆中将红酒酒标和店卡贴在墙上的做法，将一些自己喜欢的设计标签贴在吧台旁的柱子上。

可见式收纳

*rule*
字体设计

*rule*
旧家具

尽管实际上很少在吧台用餐，但它作为空间的主角还是发挥了重要作用。

## 不断累积收集喜爱之物
## 顺其自然地打造咖啡馆风格

原本F就对室内装饰充满兴趣，单身的时候就喜欢上了位于大阪的家具品牌TRUCK，开始打造咖啡馆风格的空间。尽管如此，其实他并非将此作为目标，只不过收集累积很多自己喜欢的物品，最终打造完成的空间恰好完全符合本书所考量的咖啡馆风格。

首先进入视线的是如画一般的吧台，咖啡馆标志性的Karimoku沙发，然后是可见式收纳。这样的内装让人觉得，如果说这就是一家咖啡馆也毫不奇怪。

"我基本上属于先看外观的人。"F说道。当他们购买了二手公寓后，想要一个自己中意的室内空间并考虑翻新时，便是看了Eight Design设计的案例，发现有好多自己喜欢的室内装饰，便毫不犹豫地委托他们进行翻修设计。

接下来就是向他们传达自己喜欢的东西，并进行选择而已。杂志、餐馆及咖啡馆的室内装饰给了我们很多灵感。尽管说起来，讲究"自己喜欢的东西"是各种风格的共通点，然而咖啡馆风格的特殊之处在于，非常重视将喜爱之物混杂在一起的粗犷感，是只有真正面对自己的"喜爱之情"才能完成的空间。F夫妇就这样顺其自然地完成了空间的打造。

F家的翻译公司：Eight Design　http://eightdesign.jp

在厨房墙壁上安装了复古风的多孔板，厨房用具整齐地挂在上面。简直就像是咖啡馆厨房。

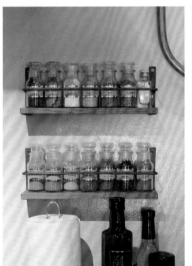

左：因为是黑板，可以擦掉写上的字，很方便。在这里画上日历，写上每个月的行程。中：用植物增添情趣的室内装饰最近很流行，其中最受瞩目的则是这种鹿角蕨。从照明灯具的灯轨垂吊下来。右：盥洗室选用了陶瓷质的单手柄水龙头。就连盥洗室的细节都考虑周全，仅这一点就非常贴近咖啡馆的做法。

左：燃气灶旁边的墙壁上安装了调味料架子，立刻就能拿取，非常方便。用同一种瓶子整齐排列就很漂亮。中：吧台上摆放的是仙人掌科的鱼骨令箭，是在Eight Design经营的植物商店Eight Green购买的。右：餐厅的椅子特意混搭了两个种类。靠近前方的是宫崎椅子制作所的产品，里侧是Karimoku的产品。

左：无法拆除的房梁上，专门设计了「当心碰头」的贴纸，贴在墙上以防撞到。把这些房间的缺点当作乐趣一般的玩乐心也可以说是这种风格的精髓所在。中：盥洗室的门把手以及带有标识的锁匙。右：拜托认识的朋友制作的铁制架子。真的像是工厂里使用的架子一般，这种粗犷的感觉非常适合这个空间的氛围。

# 咖啡馆风格

如何营造咖啡馆风格
## rules
案例　K家

**rule**
可见式收纳

**rule**
粗犷工业风设计

**rule**
如画一般的吧台

厨房的吧台使用现成的日本旧时餐具柜，只是自然地摆放，而不是特别按照空间打造，这样未来可以随心改变家具的摆放，乐在其中。这个餐具柜也是非常偶然地能恰好放进这个空间。

偶然在一家店里坐了这
款沙发，对其舒适度感
到非常吃惊，一问之下
知道了 TRUCK 这家家
具店，"立刻被它的理念、
世界观所吸引"。

*rule*
旧家具

*rule*
标志性沙发

_rule_
**旧家具**

具有昭和风味的桌子和抽屉，自己配上面板将两者连接在一起。"孩子们和丈夫会在这里工作、学习。在起居室放置桌子，是非常好的主意哦。"

## 尽管是新房，却以"怀旧感"为目标
## 打造家庭全员能够放松休憩的咖啡馆式空间

建造新家的时候，K 竟然无论如何都无法认同差不多已经确定了的建筑公司提案。哪怕只是厨房的修建，也想试试与 P's Supply 设计公司商讨。结果发现，自己的预算能够满足 P's Supply 提出的修建要求，便转而决定由 P's Supply 完成新房的打造。至此，一直以来无法准确传达自身想法的压力得以释放，终于可以按照自己的期望完成空间打造了。

"尽管是新房，却想保持怀旧的感觉，不希望被明光锃亮的感觉包围。"这是 K 最想要的效果，其实并没有从一开始便明确要求做咖啡馆风格。尽管如此，却已经想着从 TRUCK 的沙发开始整个计划，蕴含"怀旧感"的古董家具恰恰是让人感受到咖啡馆风格的物件。再加上很喜欢让空间显得低调沉静的工业风元素，整个空间便很自然地朝"具有男人味"的咖啡馆风格靠拢了。"自己也很喜欢北欧风格，时不时就很容易将这些元素混合在一起，但设计师坚定不移地保持了风格的统一，这一点非常重要。"这可以说是向大家展示，空间打造中意识到自己喜欢的风格是多么重要的一个良好范例。

由此，家庭成员能够聚集在最喜欢的沙发旁。一个放松舒适的咖啡馆风格空间便打造完成。

K 家的设计公司：P's Supply　www.ps-supply.com

*rule*
粗犷工业风设计

*rule*
粗犷工业风设计

*rule*
旧家具

左上：洗面台是用偏藏青色的黑色瓷砖铺贴而成。因为制作抽屉的成本太高，便改为用木箱进行收纳，装上把手后便和抽屉一样方便。右上：放置了两个餐具柜。面向厨房的餐具柜，为了可以当作操作台使用，特意安装面板加以改造。左下：操作台上摆放着爱犬的食物。存放容器都统一的话，就更贴近咖啡馆的可见式收纳。右下：桌子旁边特别做了壁龛，可以用书本或杂志进行装饰。

*rule*
可见式收纳

*rule*
字样设计

"住在公寓套房的时候，很不喜欢在门口排着队依次换鞋的感觉。"因此便将玄关处拓宽，可以从三个方向换鞋，这样家庭成员可以同时一起进屋。这种日本昭和时代住宅的感觉，真是让人怀念。

*rule*
旧家具

左：在家附近的杂货商店发现的时钟，依然选择了黑色，与家中其他杂货相配搭。中：开关面板是美国制的产品。开关部分也可以选择白色，但黑色更符合家中的风格。右：起居室的房门采用了方格纹的玻璃，经常触碰的地方会变得脏污，却因为是这个家特有的痕迹，因此特意让它保持原样。

左：厕所的把手和门锁都是咖啡馆风格。显示有人、无人的指示门锁是Schlage的产品。中：Art Work Studio的信箱放在大门外。很喜欢这个颜色，并搭配这个颜色确定了大门的颜色。右：洗面台处的地板就像是以前小学教室中使用的地板，原本想连起居室也铺这种地板。「非常喜欢这样的地板，但是因为预算有限，便只铺了盥洗室。」

左：厨房墙壁上贴的是纽约地铁站使用的Subway Ceramics出品的瓷砖。因为是手工制作的瓷砖，才会生出独特的歪斜和凹凸感，韵味十足。中：爱犬莎拉酱也很喜欢TRUCK的这款沙发。右：厨房窗边枝叶繁茂的豆瓣绿。绿色植物也是咖啡馆风格不可欠缺的要素之一。

# 咖啡馆风格

自 20 世纪 90 年代后半期开始，掀起了一股咖啡馆的热潮。咖啡馆的专题内容经常出现在杂志上，成了热议话题。咖啡馆受人追捧的原因有很多，有品位的室内装饰应该也是其中之一。与泡沫经济时期把所有力气都花在室内装饰上的做法不同，咖啡馆的室内装饰以闲散随意为信条。摆放旧家具，让人体味旧建筑原本的墙壁和建筑部件等，这种有些懒散的粗犷做法是受欢迎的咖啡馆的共通点。鉴于这种做法，人们就像是身处老朋友家中一般舒适自在，店主也可以将自己的喜好展现出来，让人感到亲近，因而备受欢迎。想要将这种室内装饰和氛围在自己家中进行再现的愿望，是咖啡馆风格的诞生之初。

城市中的咖啡馆各有不同，风格也千差万别。同样的，咖啡馆风格的室内装饰从某种程度上来说也是没有确切定义的。不过，首先要意识到无需太过努力的懒散、粗犷是这个风格的要素，这样才能更为贴近咖啡馆风格。将居住者的"喜好"展示出来，优先考虑空间的舒适度，这一点是最重要的。

在这个基础上，添置些经常在咖啡馆看到的物件，比如粗犷的工业风设计、如画一般的吧台、标志性的沙发等等，就能打造完成具有个人特色的咖啡馆风格。

具有复古气息的吧台。放上咖啡机，将马克杯排放整齐，便会形成咖啡馆一般的景象。

手推车具备粗犷的设计，可以用作可见式收纳，也能当作吧台使用。只要放置这样一辆，便立刻有了咖啡馆的气息。（图片提供：Crash Gate）

## 法则 1　搭建"如画一般的吧台"

说到咖啡馆，吧台是必不可少的。在自己家打造咖啡馆风格，当然也少不了吧台。吧台可以作为厨房操作台，能提高做家事的操作性，很实用。即便不做成餐桌的形式也完全没问题，没有必要按照空间尺寸特别定制建造，可以利用家具完成氛围的营造，同时也具备一定的功能性，有意识地将其作为空间的主角进行考量。

摆上吧台椅，打造成餐桌的样式。

直接在混凝土墙体上刷涂料的实例。电线管道也毫不遮掩，作为一种设计展示出来。

笠松电机制作所出品的照明灯具吊挂在餐桌上方。

## 法则 2　添置"粗犷工业风设计"

相比铮亮如新、注重美观的设计，咖啡馆风格更倾向于天然及粗糙质感的设计。就像是在工厂使用的具有工业感的照明灯具、架子等，都更多选择粗犷风的物品。墙壁的处理也会让混凝土墙壁外露，简单地用涂料刷一层，并且不将管线配置遮盖起来，特意展露在外面，这也是营造咖啡馆氛围的一种做法。

## 法则 3　增添"字体设计"

所谓"字体设计"指的是活版印刷的字体产品。最近，在各种室内装饰风格中，都可以看到这种文字设计的运用。其中，会让人联想到咖啡馆的招牌、菜单、警告标识等事物的字体设计，与咖啡馆风格尤为相衬。相较于手写体或曲线较多的字体，更推荐的是简单而具有力量的黑体、Gothic 体。可以选择的样式也有海报、贴纸、标识等，种类丰富。

为字体设计的海报配上画框。相较于用画或照片进行装饰，更显低调，让人沉静。

显示站名的国外公交标志卷轴。能够充分展现字体设计的魅力，非常受欢迎。像是大号海报一般用作装饰。

在公共澡堂使用的 No Smoking「禁止吸烟」的标志牌，也自然地作为字体设计的元素被添加进来。

## 法则 4　运用"可见式收纳"

将玻璃杯整齐排列在吧台上，厨房用具吊挂在墙上，这些都能让人一下子就感受到咖啡馆的风格。毫不造作却又不显得杂乱，使用起来也很方便。这种收纳便是"可见式收纳"。搜集一些设计感良好的厨房用具，在自己家里就能实现。

Karimoku 出品的沙发，非常具有标志性。

调味料和食材等从原包装中取出，存放在相同的收纳容器内。

使用方便也是可见式收纳的一大魅力。

TRUCK 出品的沙发是喜爱咖啡馆风格之人的憧憬之物。

## 法则 5
## 添置"标志性的沙发"

街上的咖啡馆中有让人放松的沙发区。看书、与朋友聊天时，都能愉快地长时间待在这里，是完全体现咖啡馆舒适度的存在。可以有意识地在自己的起居室设置这样一个场所，更贴近咖啡馆风格的沙发则推荐没有过多装饰、甚至有些粗糙的类型，当然关键还是要自己喜欢、让人舒适。

## 法则 6　添置"旧家具"

在咖啡馆热潮中大受欢迎的店铺里，经常会看到一些虽称不上古董，但具有怀旧感的老式家具或杂货。选择这些物件一方面可以降低预算，一方面又能营造独特的咖啡馆氛围，完全可以运用到自家空间，老式用品店或跳蚤市场上淘来的物品，可以自然地混杂在一起。

利用小学教室用椅的椅面进行改造后做成的凳子。

老式餐具柜特有的复古感，增添了咖啡馆的氛围。

# 面向咖啡馆风格的推荐商店

展现原木天然质感的原木与钢制品的组合。圆形的桌面非常适合咖啡馆空间。

特别委托 Mina Perhonen 制作的原创沙发套。

挑高的天花板搭配大面积的窗户，在这个光照充足让人心情舒畅的空间里，体会 TRUCK 的世界观。

## TRUCK

只要询问喜爱咖啡馆风格的屋主，就必然会提及这家人气商店。使用天然原木，在大阪的工坊中打造而成的家具都是原创设计，即便是新品，也会让人感觉到经年使用后的韵味。做工细致、品质上乘也是广受欢迎的原因。被 TRUCK "舒适第一"的世界观所吸引的粉丝不在少数。

https://truck-furniture.co.jp
大阪府大阪市旭区新森 6-8-48 电话：06-6958-7055 11:00~19:00 周二，每月第一个、第三个周三休息。

---

## unico 代官山

在这家店里能够发现很多价格合理，功能、设计、尺寸等方面都与日本人生活方式相协调，同时重视细节的家具。店内的家具呈现出各种各样的风格，比如让人安心沉静的男子风格设计、有魅力的复古家具，都非常适合粗犷的咖啡馆风格。纺织品、照明灯具、杂货等种类也很丰富。

http://unico-lifestyle.com
东京都涩谷区惠比寿西 1-34-23 11:00~20:00 电话：03-3477-2205 不定期休息 另外在札幌、鹿儿岛设有分店。

"Hoxton"系列的设计主题是将工业风格与现代风格相融合。

上：提出沙发区用餐的「Wythe」系列的家具搭配。下：店内以房间为单位进行风格设计，给人们的室内装饰提供参考。

---

## Crash Gate 自由之丘店

"多个类别相互混合形成的有些偏差和幽默感的空间"，是这家室内装饰店的基本主题。他们提倡的是对形式不做既定的判断，完全体现居住者个性的生活。店内杂货的种类也很多。

www.crashgate.jp
东京都目黑区自由之丘 1-8-21 MELSA 自由之丘 part 1 2F 电话：03-6421-1742 11:00~20:00 不定期休息 另外在仙台、东京·吉祥寺、神奈川、名古屋、大阪、广岛、冈山、福冈等地设有分店。

可以作为休闲椅使用的长凳式沙发，可以为咖啡馆风格做点缀的铁与皮革组合制作的凳子。

原创设计的商品和精选商品的比例约为 6：4。另外，还销售杂货、绿色植物。

洋溢着咖啡馆风格气息的店内。经营的商品还包括作为展示物件使用的架子和照明灯具。

# Part 2

# 从房间布局思考生活

仅仅确定了想要打造的风格，便立刻开始购买家具，就太过着急慌忙了。在这之前，还是有必要思考一下自己究竟想要在这个居住空间内过怎样的生活。一边想着生活方式，一边对照着房间布局图，再确定应该挑选的家具以及家具的摆放，同时还要考虑收纳及动线的问题。确定了这些，再开始舒适愉快地生活吧。

## 动线及收纳决定了生活的便利程度

# 房间布局图
# 四大法则

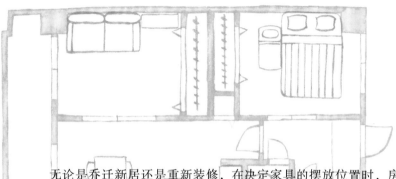

无论是乔迁新居还是重新装修，在决定家具的摆放位置时，房间布局图都非常有用。可以一边想着自己和家人在这个空间里过着怎样的生活、在各个房间如何移动，一边在房间布局图上画上家具或虚拟的物品收纳状态。

因为挑选适合房间风格的家具最让人兴奋，所以很容易就会沉浸其中。这就跟挑衣服一样，也就是说，无论衣服多好看，却不一定适合自己或者可能不好搭配。同样的，如果没有在房间布局图上做好设想就直接购买家具，就很有可能买到不符合家人生活方式、造成生活不便的家具，徒增失败经验。与买衣服不同，购买家具后若在使用过程中觉得不妥，并不能简单更换，这就更让人烦恼。因此，对于适合自己生活的家具及家具的具体摆放，进行事先的假设构想是非常重要的。

要在家中各个房间之间移动大型家具进行家居布置的变换是非常费力的，因此，搬新家的时候进行设想并摆放是最好时机。不过即便不搬新居，只是想简单改变一下生活空间，也最好还是重新面对房间布局图，审视自己的生活方式。

本书从"四大法则"出发，向整理收纳咨询师Emi询问了意见。在选择家具和改换家中布局前，如何利用房间布局图，让今后的生活更舒适、更愉快。对应于四大法则，以下将列举四个范本，介绍具体的房间布局图中呈现的好方案。

## 法则 1
## 在房间布局图上确定
## 各个房间和区域的功能

在Emi的收纳建议中，首先被提及的便是这条。厨房、起居室、卧室等，也许大家都会认为这样就已经确定了房间的功能，但让人意外的是，很多家庭就连这些也并没有完全做到。"如果在房间功能尚不明确的状况下开始生活，原本收在同一个场所比较好的东西最终就会散乱在家中各处，让生活不便。更甚者，还会忘了自己已经持有的物品，再次购买同样的东西，造成浪费。"Emi说道。

例如，尽管设定在卧室的壁橱内收纳衣服，一旦放不下，就会使用别的房间的壁橱。结果，变成有两个地方存放衣物，每次都会产生疑惑："在哪里？收在哪里了呢？"这正是房间功能不明确所引起的不便。"大家好像都会被房间布局图上画的'标记'所迷惑。比如，布局图上壁橱的位置画着类似衣服的记号，或者是因为壁橱里面附有挂衣架的撑杆，便把衣服收纳在这里等等。但是，如果与自己的生活习惯有出入，完全可以不将衣物收纳在那里哦。"

总之，在确定房间功能时，将视布局图上的记号理所当然的既定想法抛诸脑后才是最重要的。归根结底要与"自己的生活"相配合，可以按照吃饭、休憩、睡觉、换衣服、玩乐等生活场景来确定房间的功能。

## 法则 2
## 考量生活时段及生活方式

在室内装饰的风格之外，另一个重要问题便是生活的风格。家庭成员每个人的生活时间是如何分配的，这一点明确之后，才能对各自重视的空间进行区分，并就此确定应该购买的家具。

"例如，双方都需要工作的夫妻，白天基本不在家，晚上也很晚才回家。周末则喜欢在床上懒散地躺着，放松自己。对应这样的生活方式，就没有必要在卧室的北面设置小房间，而适合尽情地将宽敞的餐厅起居室空间设定为卧室。"Emi 说道。另外，对于那些习惯坐在地板上用餐的人，就没有必要添置餐桌和椅子，节省下来的空间可以扩充为起居室，选择大号的矮桌摆放。

没有必要将那些设计家居空间、完全不认识的人的生活方式强加在自己身上。"将家看作是一个整体的盒子，以富有弹性的想法配合自己的生活 —— 最好以这样的态度来重新看待房间布局图。"Emi 如此建议。

## 法则 3
## 尝试将生活的动线描画进房间布局图

按照法则 1 确定的房间功能，首先试着将家具添加进房间布局图中。接下来，便要进一步设想：如果这里放置了家具，那么自己又会如何在家中走动进行各种活动。

回到家后，首先放下背包（放置场所？），在洗面台漱口和洗手（毛巾是否能放在这里？），去往壁橱换衣服，将换洗衣服放入洗面台处的篮框内（咦？要走来走去的呢）……就像这样，将自己的行为模式在布局图上填入之后，便会发现多余的走动，也许就会想到更好的收纳场所，总之会发现很多新的问题。

"不仅是回家后的时间，还有外出前、洗衣服等都要结合动线考虑。其中洗衣服的动线尤为重要，在这点上好好动脑筋的话，就能避免洗完晾干的衣物始终堆放在沙发上。"家中凌乱的原因，也许并非因为收纳空间少，也有可能是因为动线的设计太差。因此，需要在布局图上确认动线，重新考虑现在的房间功能设置得是否妥当，这样一来，实际生活便会变得更为顺畅。

"当然，除了自己的动线，也不要忘记从丈夫和孩子的角度出发，考虑他们各自的动线哦。"

## 法则 4
## 立足家具制定收纳计划

"购买家具时，人们很容易便从餐厅组合、沙发等大件家具开始，但也千万别忘了收纳的问题。如果没能好好考虑收纳，那么餐桌、沙发周围就会一直处于凌乱状态。"的确，这样的状态对于任何一种室内装饰风格而言，都是令人惋惜的一大败笔。

Emi 提出的解决办法是设立"信息站"，即设置一个将生活中各种杂乱物品统一归置的场所。家用电器的使用说明书及保证书、保险文件、信纸、宣传单、学校相关文件、照片、食谱、缝纫用具、DIY 的材料、文具用品、各种电线……尽管每一件都不大，但堆积起来就会占用大量空间，在建立家具购买计划时，设置专门的收纳场所，就不会让房间到处四散杂物。

"如果想着塞进哪个缝隙里就好，东西就会分散在各个地方，无论是取用还是收拾都会非常麻烦。如果全都归置在一个地方，只要去那里找就好。而且家人全都明白，就不会老是问'那个在哪里？'。关键在于，这个地方应该设置在从每个房间走过去都很便利，家庭成员生活必经的场所。"

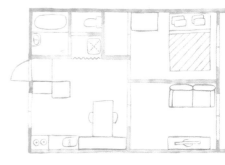

# 两居室（约 40m²）二人共同生活的案例

[三十岁不到、双方都工作的夫妻] [各自从父母家搬入新居、需要购买家具]
[不习惯坐在地板上用餐] [想要添置沙发] [在打地铺和睡床之间犹豫不决]

**兼具鞋柜功能的信息站**
因为房间原本没有附带鞋柜的空间，便用开放单元件横过来摆放。下方放置鞋子，上方则作为信息站，收纳各种生活必需物品。

**用餐 &烹饪**
为了避免在房间①用餐，合适的餐厅组合件和具有收纳力的架子是必需品。

**书籍和CD归置在起居室**
在休闲放松的场所，放置必要的物品。这里同时也可以作为信息站。

**休闲 & 玩乐**
为了两人能够放松休息，添置了沙发。用餐都在餐厅，不再放置矮桌。

**内衣收纳在浴室旁**
为了不用每次洗澡时都要从房间②取内衣去浴室，便在浴室旁的洗衣机上方设置了内衣收纳空间。晾晒衣服用的衣架也放在这里。

**衣服集中在一处**
回家后，直接到这里换衣服而不是去房间①，已经成了习惯。想要在这里安装一些钩子，用来吊挂脱下的外衣。

**寝具**
如果壁橱用来收纳衣物，地铺就会失去收纳空间。而且夫妇俩都要上班，每天早上收拾地铺、晚上取出地铺也很麻烦，于是决定睡床铺。

起居室 餐厅

房间① 房间②

## 在房间布局图上确定各个房间和区域的功能　　法则 1

### 让一体化厨房餐厅充分发挥效用是关键

两个独立房间 + 一体化厨房餐厅。如果房间功能未能明确的话，独立房间①便会堆积很多东西，很容易发展为令人不适的生活。于是，确定好将房间①设定为休闲娱乐空间，在一体化厨房餐厅用餐、烧饭，在房间②睡觉、更衣。这样，就不会在房间①吃饭或更衣，这是努力明确房间功能的关键。

然后，房间②的壁橱旁便是更衣的场所。壁橱中安装上撑杆、配置抽屉组件等，如果壁橱空间不够，便另外添加架子用来吊挂大衣和频繁穿着的衣服。

## 考量生活时段及生活方式　　法则 2

### 不善于低处生活，因此餐厅配备了餐桌和椅子

很多人会觉得在小空间放置餐椅会制造障碍。但是，如果仅仅是为了让空间变得更宽敞，而让每天的生活变得不便，就没有意义了。想想自己的生活方式，两人都"不喜欢在地板上坐着吃饭""不想边吃饭还时常要站起来去厨房"，所以即便空间变得有点拥挤，为了生活的舒适度，还是觉得添置成套的餐桌比较好。

## Ⓐ 回家动线

因为房间原本没有鞋柜，便在玄关处摆放了架子。这里并未设置背包的收纳场所，便拿着包去卧室口的衣物收纳处。更换家居服后，便将换洗衣物放入洗衣机，然后洗手、漱口。这样设置动线的话，背包和外套便不会进入起居室。

## Ⓑ 洗衣动线

拿着洗好的衣物和归置在洗衣机上方的衣架，穿过卧室去往阳台。晾干后的衣物则取进卧室折叠。叠好后，外套等收进壁橱，内衣和毛巾则放回洗衣机上方的固定位置。按照这个动线，收进来的洗净衣物便不会占领沙发空间。

尝试将生活的动线
描画进房间布局图　　　　法则 3

## 设置动线让衣服不会堆在起居室，避免散乱

## Ⓒ 食品动线

购买食品回家后，直接带入餐厅、厨房，放入冰箱或代替食品收纳柜的抽屉中——很短的动线便完成了收纳。如果使用生活协会超市的快递服务，会确定好放置纸箱的固定位置，再利用相同的动线。

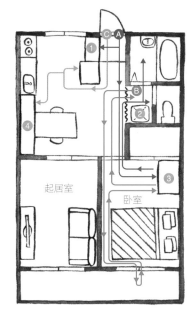

起居室　　卧室

---

立足家具
制定收纳计划　　　　法则 4

## 在餐厅打造了大容量收纳空间，让起居室变得干净清爽

### ① 鞋柜兼信息站

玄关的侧面放置了两面都能使用的开放式架子。下层是玄关这一面用来收纳鞋子的，上层则是厨房这一面用来收纳纸制品、工具、缝纫用具等生活必需品的信息站。

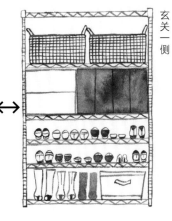

厨房一侧　　玄关一侧

### ② 洗衣机周边

放在浴室旁更方便的内衣和毛巾，放置在洗衣机上方的架子上。衣架和晒衣服的夹子也放在这里，准备专门的收纳盒。（另外，也推荐放在阳台旁的做法。）

### ③ 衣服的收纳

因为壁橱无法完全收纳衣物，而且长款的外套也放不了，便在壁橱前面放置了衣架。平时会贴着壁橱摆放，需要拿取壁橱深处的东西（其他季节的衣物和当季的家电用品等）时，便移动有滑轮的衣架。

### ④ 餐厅收纳

餐厅则利用大件的收纳家具，将家电用品、烹饪用具等都收在一个地方，这样就为餐桌腾出了空间。相较于那种因为空间狭小而采取小件收纳家具分散摆放的做法，这样做反而更显清爽。餐桌靠着架子摆放，能够节省空间。

# 一室一厅（约 45m²）二人共同生活的案例

[30 岁出头，两人工作都很繁忙] [每天很晚到家，休息日则喜欢户外活动] [两个人的衣服都很多] [兴趣爱好用品很多] [想要可以放松躺着的沙发] [喜欢在地板上休闲放松]

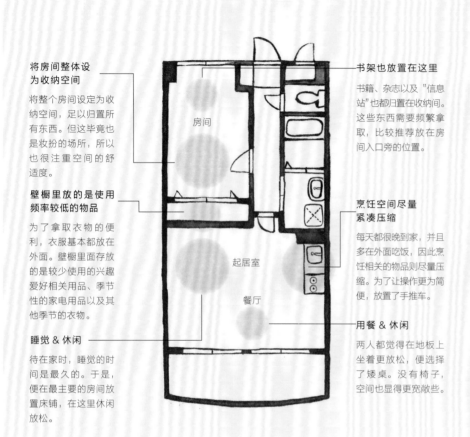

**将房间整体设为收纳空间**

将整个房间设定为收纳空间，足以归置所有东西。但这毕竟也是妆扮的场所，所以也很注重空间的舒适度。

**壁橱里放的是使用频率较低的物品**

为了拿取衣物的便利，衣服基本都放在外面。壁橱里面存放的是较少使用的兴趣爱好相关用品、季节性的家电用品以及其他季节的衣物。

**睡觉 & 休闲**

待在家时，睡觉的时间是最久的。于是，便在最主要的房间放置床铺，在这里休闲放松。

房间

起居室

餐厅

**书架也放置在这里**

书籍、杂志以及"信息站"也都归置在收纳间。这些东西需要频繁拿取，比较推荐放在房间入口旁的位置。

**烹饪空间尽量紧凑压缩**

每天都很晚到家，并且多在外面吃饭，因此烹饪相关的物品则尽量压缩。为了让操作更为简便，放置了手推车。

**用餐 & 休闲**

两人都觉得在地板上坐着更放松，便选择了矮桌。没有椅子，空间也显得更宽敞些。

在房间布局图上确定
各个房间和区域的功能 　　　法则 1

## 当机立断地将独立房间变为收纳间

对于一室一厅的房间格局，大多数人都会选择将独立房间作为卧室。但本案例中的两人，因为待在家中的时间相对较少，并没有过多的时间在起居室、餐厅休息放松。相反，两人的衣服和兴趣爱好相关的物品非常多。

于是，便决定将独立房间设定为收纳间。然后，为了让晚上的睡眠更为舒适，便将床放置在开间（LDK）中。这样一来，即便没有让人休憩的沙发，也完全可以用床代替。衣服等各种物品不会进入开间，有意识地将这个空间打造成酒店式风格，在这个宽敞的空间里能做很多事，反而更舒畅。

考量生活的时间段
及生活方式 　　　法则 2

## 只有晚上的时间待在家里，因此让人放松的宽敞卧室是最佳选择

在起居室放置床铺？也许会有人心生疑问而犹豫不决吧。可以尝试想象稍微高级一点的都市酒店。房间里，睡床成为主角，是个既时尚又让人放松的空间。生活必需品都收纳在独立房间，就可以在起居室、餐厅打造这样一间酒店式房间。待在家里的时间只有夜晚，休息日也多数选择自己爱好的户外活动，与这种生活方式相适应的恰恰是这种选择。

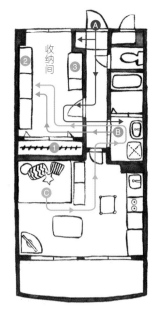

## Ⓐ 回家动线

作为收纳间的独立房间比较靠近玄关，因此回家后首先便去往收纳间。将背包等放下后换上家居服，再去洗面台。这个动线，让外套和背包都不会被放在起居室，起居室便能够一直保持干净。购物回家后，首先也是先进收纳间。

## Ⓑ 洗衣动线

回家很晚，因此洗完衣服后基本上是用烘干机加上室内晾干。收纳间比较宽敞，如果通风没有问题的话，完全可以在这里晾干。这样便不会将有着生活杂乱感的洗晒衣物放在起居室，整理起来变得轻松，动线也很紧凑。

尝试将生活的动线
描画进房间布局图　　　　　　法则 3

# 彻底地缩短动线，让生活更轻松

## Ⓒ 早晨梳洗妆扮动线

起床后便去洗面台，然后移动至收纳间穿衣打扮。化妆也在这里进行的话，动线缩短，也变得更为流畅，不会拉长准备工作的时间，因此设置一个舒适的收纳间是个好主意吧。

立足家具
制定收纳计划　　　　　　法则 4

# 收纳间使用方便的话，起居室便不会变得凌乱

## ❶ 独立房间的壁橱

玄关的侧面放置了两面都能使用的开放式架子。下层是玄关这一面用来收纳鞋子的，上层则是厨房这一面用来收纳纸制品、工具、缝纫用具等生活必需品的信息站。

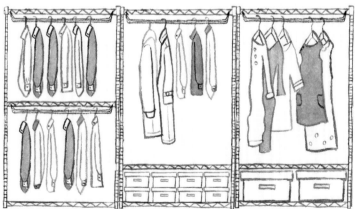

## ❷ 衣服的收纳

可以自由组装的铁架子用来存放大量衣服。效仿精品店的做法，将衣服吊挂起来收纳，在挑选的时候心情愉快，而且还能比较容易地把握自己拥有的衣服，拿取归放也很方便。将这个场所调整得更为便利、舒适，就不会将多余的物品带入起居室。

## ❸ 信息站

将书籍、杂志和放了很多纸制品的文件盒归置在架子上。旁边是抽屉式塑料收纳盒层叠起来，分别用来收纳工具、缝纫用品、照相器材等物品。一下子将整个房间作为收纳间，打造拿取归放都很轻松的收纳。

# 两室一厅（约 55m²）三人共同生活（孩子一岁）的案例

[35 岁左右] [妻子是家庭主妇] [丈夫回家晚] [已经拥有餐桌套件和双人床]

[待在家里时间较长，希望购买沙发] [孩子的玩具和衣服等是收纳难题]

**以换季式收纳减少拿取归放的次数**

卧室一侧的壁橱收纳，主要集中了其他季节的衣服、季节性家电用品和兴趣爱好相关用品。

**外出前妆扮在起居室完成**

并未将所有衣服都收纳在卧室的壁橱，当季的衣服都放置在起居室一侧的壁橱中，使用起来非常方便。

**休闲＆孩子的玩耍场所**

将从厨房可以望到的位置，设定为孩子放置玩具的场所。如果有沙发的话，妈妈也可以边休息，边跟孩子一起玩耍。

房间②

房间①

餐厅

起居室

**睡觉空间与起居室隔开一定距离**

房间②保持原样作为卧室。晚归的丈夫不用担心吵醒妻儿，在 LD 充分地休息。

**用餐＆休闲**

到房间①为止都作为起居室使用，可以在这个宽敞的空间里一边悠哉地用餐，一边看电视。

## 在房间布局图上确定各个房间和区域的功能　　法则 1

### 在起居室一侧收纳衣服，大家都感觉更为舒畅

与起居室相连的房间①是用移动门彼此区隔的。将移动门撤除变成宽敞的通间，可以随时关注小孩子的状态，会比较安心。这里房间①的功能是休闲和玩乐，而房间②则作为卧室。首先，为了让玩具不会散乱各处，要在一定程度上规定好小孩子玩耍的场所。这样，小孩玩耍时或收拾玩具时，才不会产生疑惑。另一个关键点是衣服的收纳。通常，人们会倾向于将衣服收纳在房间②，但这家则选择房间①的壁橱来收纳衣服。这样做之后，小孩子换衣服很方便，晚归的丈夫也可以在不吵醒妻儿的情况下，替换衣服。

## 考量生活时段及生活方式　　法则 2

### 妈妈和孩子舒适入睡，晚归的爸爸也自在惬意

妈妈和孩子长时间待在家里，孩子可以毫无压力地尽情玩耍，妈妈也能够在做家务的同时，关注孩子的状态。另外，晚归的爸爸也可以享受一个人的时间，一边喝个小酒一边看电视。动线的设置非常合理，可以在起居室更换衣服，同时也避免脱下来的西装一直挂在餐桌的椅子上。

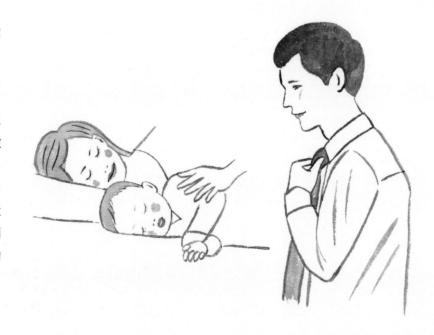

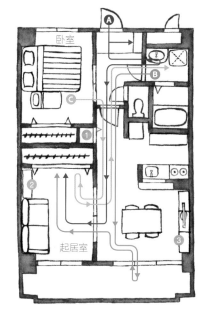

## Ⓐ 丈夫回家的动线

即便很晚回家，丈夫也不需要进入卧室便能在起居室更换衣服，并按照自己的步调放松休息。如果在卧室收纳衣服的话，就会因为不想吵醒妻儿，而把脱下来的西装等放在起居室内。

## Ⓑ 洗衣动线

洗完衣服，便通过起居室去往阳台。晾干的衣服收进起居室的壁橱内，没有必要一次次去到稍远的卧室，很轻松。一边望着孩子玩耍的样子，一边叠好衣物，归放回原处，很安心。

尝试将生活的动线
描画进房间布局图　　　法则 3

## 用动线解决吵醒家人的问题

## Ⓒ 妻子的妆扮动线

妻子比丈夫和孩子更早起床，可立刻去到起居室的壁橱处。不用担心吵醒家人，可以一边听音乐、看电视，一边换衣服打扮。化妆也在这个更明亮的房间完成，动线短，更快捷流畅。

立足家具
制定收纳计划　　　法则 4

## 原有的收纳空间与添置的家具恰当地区别使用，干净清爽

## ❶ 信息站

收纳各种生活必需品的信息站（文件、工具、缝纫用具等），推荐设置在从房间各个房间都能轻易到达的位置。原本附设的这个收纳空间在布局图的正中间，也就是家的中央，是最理想的。

## ❷ 玩具的收纳

玩具则存放在盒子或篮筐中一并放入架子。这比直接放在地上更节省空间。孩子也更容易把握什么东西在哪里，自己便能拿出来玩。只要收纳简单明了，孩子就会自主地进行整理。

## ❸ 餐厅的收纳

餐厅的收纳作为室内装饰的一部分非常显眼，因此要根据喜欢的风格进行挑选。这里放置电视机的话，晚归的爸爸可以边看电视，边喝点酒。而且，坐在沙发上也能看到。

# 三室一厅（约 75m²）四人共同生活（孩子一岁和四岁）的案例

[35 岁左右][夫妻都工作,在家里的时候很忙][希望大孩子能学会自己穿衣服]

[想添置沙发][现在未设置儿童房,长期居住下去,将来还是有必要的]

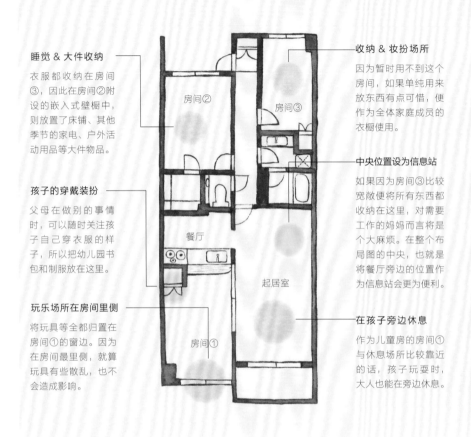

**睡觉 & 大件收纳**

衣服都收纳在房间③,因此在房间②附设的嵌入式壁橱中,则放置了床铺、其他季节的家电、户外活动用品等大件物品。

**孩子的穿戴装扮**

父母在做别的事情时,可以随时关注孩子自己穿衣服的样子,所以把幼儿园书包和制服放在这里。

**玩乐场所在房间里侧**

将玩具等全都归置在房间①的窗边。因为在房间最里侧,就算玩具有些散乱,也不会造成影响。

**收纳 & 妆扮场所**

因为暂时用不到这个房间,如果单纯用来放东西有点可惜,便作为全体家庭成员的衣橱使用。

**中央位置设为信息站**

如果因为房间③比较宽敞便将所有东西都收纳在这里,对需要工作的妈妈而言将是个大麻烦。在整个布局图的中央,也就是将餐厅旁边的位置作为信息站会更为便利。

**在孩子旁边休息**

作为儿童房的房间①与休息场所比较靠近的话,孩子玩耍时,大人也能在旁边休息。

*房间② 房间③ 餐厅 起居室 房间①*

## 在房间布局图上确定
## 各个房间和区域的功能　　　　法则 1

### 充分利用空余的房间,让起居室的生活舒畅愉快

打算能够在这套三室一厅的房子里长期居住下去。这样的套房在孩子还小的时候,很容易将所有东西都堆积到空余的房间。有很多人会想,这房间早晚要用作儿童房,无需特意去整理,便将近十年保持现状,然而若将这间空余的房间好好利用,会让家庭成员都觉得便利,起居室也可以避免凌乱的状态。因此,房间③并不是随便将东西放入,而是打造成可以供人舒服妆扮的房间。房间②是卧室,房间①与起居室相连,撤除中间的拉门,作为儿童房。这样,在做饭的时候或用餐的时候都能确认孩子的状态。

## 考量生活时段
## 及生活方式　　　　法则 2

### 可以边做家务边看孩子玩耍

有两个孩子、妈妈也要上班的家庭,能够一边看着孩子一边做家务是重要需求,还必须尽可能高效地完成收纳工作。以这样的视角来确定房间的功能和家具的配置。即便孩子的玩具散乱在外,也丝毫不影响妈妈做饭、洗衣,这就要求做家务的动线不会进入孩子的空间,因此将收纳都集中在某个房间,晒干的衣物可以轻松整理等都是非常有效的方法。

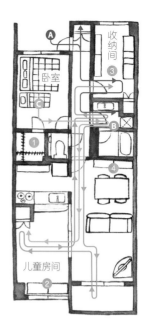

## Ⓐ 妈妈回家动线

从幼儿园接孩子回家后，便进入离玄关最近的收纳间，放下背包，换上家居服。更衣和收纳都在同一个地方，有充分的空间伸展手脚。然后，便移动至洗面台洗手、漱口。

### 尝试将生活的动线
### 描画进房间布局图　　　　法则3

## 职员妈妈的家务动线与孩子的动线不产生交叉

## Ⓑ 洗衣动线

从盥洗室经过起居室去往阳台。如果孩子的玩具在起居室散在地上，便会与这个动线产生交叉，因此在儿童房放置玩具是更好的选择。洗完的衣物中，孩子的衣物归置在儿童房，内衣和毛巾则放回洗面台处，分开整理。

## Ⓒ 孩子的穿衣动线

四岁的孩子早上一起床，便去往洗面台。然后在儿童房穿衣打扮。父母一边看着他，一边帮更小的孩子穿衣服。这样也可以一边做其他家务，尽管洗衣的动线有些拉长，孩子的衣物归置在靠近厨房的位置还是比较便利的。

### 立足家具
### 制定收纳计划　　　　法则4

## 结合家庭成员的成长，充分利用可以自由组装的单元件或收纳盒

### ① 大件物品收纳

在嵌入式壁橱中，收纳个人爱好的户外用品、季节性家电、客用床铺等大件。只要抛却"壁橱收纳衣物"的固定思维，便可以免除那种在睡觉的人旁边，一边担心将睡觉的人吵醒，一边在狭小的空间内更衣的情况。

### ② 孩子的玩具

将最里侧的房间设置为儿童房，即便玩具有些散乱，也不会影响妈妈做家务的动线。使用篮筐或收纳盒存放玩具，一并收纳在开放式架子上，孩子也更容易明白东西在哪里，整理起来也很轻松。

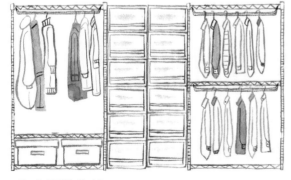

### ③ 衣服的收纳

将来准备用作儿童房的房间，临时作为收纳间，为此特意使用可以轻松组装的铁架子、塑料收纳盒，会更为便捷。空间也变得相对宽敞，衣服可以挂在衣架上收纳，无论是挑选还是整理都很轻松。

### ④ 信息站

填写幼儿园的文件、翻看食谱、钉纽扣等等，处理这些琐碎的事情所必需的用品还是放在餐厅旁的位置更为便捷，于是便将信息站设置在这里。因为是在比较显眼的空间，所以特别挑选封闭式的橱柜。

# Part 3

# 调整细节

确定好风格、对家具配置和收纳空间进行考量，还尚未完成整体的室内装饰。一旦开始生活就必须要配备的窗帘、窗周用品、对空间整体产生很大影响的色彩，以及为室内装饰增添个性的展示品等等，这些都是为生活增添色彩的部分，让我们充分享受这个调整细节的过程吧。

# 关于色彩
## Q&A

即便是同样的室内装饰风格，使用的色彩不同，也会让空间的印象产生很大的不同。色彩对空间的重要性可见一斑。我们在此邀请室内装饰设计师铃木理惠子讲述运用色彩的基本方法，并结合充分享受色彩乐趣的实例进行介绍。

## Q 如果地板、门窗等已有的家具与自己喜欢的颜色不协调，该怎么办？

发现自己喜欢的色调后，便要考虑现在房间的内装（地板、门窗、墙壁）原本的颜色和家具的颜色。虽然自己喜欢色彩明亮、风格清爽的室内装饰，地板、门窗等却是深褐色，家具也是深色系的话，要打造自己心仪的空间可就不那么简单了。首先从减少那些不协调色彩的比例开始吧。

可以试着在地板上铺亮色系的地毯，或者为餐桌铺上桌布，来尝试改变。窗帘等窗周用品改成亮色调也是一种方法。地板所占面积较大，因此一旦铺上地毯，房间整体的色彩便会有很大改观。家具可以通过上漆改变色彩，门窗也可以用建筑用胶带进行改造，不过操作难度就变得很大。正因如此，一开始便应该先注意到这些难以改变的部分（地板、门窗等），在这个基础上再确定想要的风格和色彩。

## Q 在考虑室内装饰的色彩方案时应该注意哪些问题？

空间带给人们的印象会因为色彩产生很大变化。最好想清楚自己想要的空间氛围并勾画具体的形象，再开始思考相应的色彩方案。例如彩度：想要充满朝气的效果，便采用鲜艳的色彩（彩度高的颜色），想要沉稳柔和的气氛，便配合淡色或灰色调（彩度低的颜色）。另外，色彩明度的差异也会改变房间的氛围。想要清爽年轻的形象，则使用明度高的色彩（亮色调），想要雅致内敛的形象，则挑选明度低的色彩（暗色调）。

而且，单一色彩本身所具有的形象也应加以注意。淡粉色偏向女性感，橙色或黄色则突出活泼朝气的感觉，蓝色可用来表现沉静。最好一边想象颜色本身代表的形象，一边确定室内装饰中使用哪一种。

**注意彩度的区别** 运用彩度高的颜色会带来张弛有度、热闹朝气的氛围（左图）；相反，运用彩度较低的色彩会营造出柔和安稳、让人放松的气氛（右图）。

**注意明度的区别** 统一使用明度高的色彩（亮色调），打造清爽、朝气蓬勃的空间（左图）。用明度低的色彩（暗色调）进行统筹，便会成为沉稳、让人安心的空间（右图）。（图片提供：立川百叶窗）

各种风格的餐厅空间。无需关注风格，试着只关注色彩，便能明白自己喜欢的色调。
图片提供：北之住设计社（左上）、unico（左下、右下）

## Q 不明白自己想要的色彩效果时，该怎么办？

当人们被问到"想让住家呈现怎样的形象"时，能够立刻回答的人并不多。在 Part 1 中介绍了各种风格的室内装饰，但是同样的风格也会因为色彩不同而发生变化、产生好恶。那么，书中刊登的室内装饰照片中，如果有自己喜欢的样子，就试着先弄清楚自己究竟喜欢照片中的哪个部分吧。

例如，尽管并不喜欢这个风格，却觉得"沉稳柔和"的感觉很好，那么便意味着更喜欢彩度较低的色彩搭配。如果试着将这种色彩搭配运用到自己喜欢的风格中，自己希望完成的效果就会更明确。

按照自己喜欢的色彩，在网上搜索相应的室内装饰图片，也是一种方法。"白色室内装饰""黄色起居室"等，用这样的关键词进行搜索，就会出现很多相关图片，能够更容易发现自己喜欢的空间。

## Q 让空间显得宽敞的颜色是什么？

"想要让狭小的房间显得宽敞"经常在室内装饰的要求中被提到。一般的做法是添置低矮或小型的家具，其实色彩跟视觉感受直接相关，因此也是很重要的部分。有效的做法是将大面积的窗帘、收纳家具等与墙壁的颜色保持一致，形成统一的空间感。物品之间形成相连的感觉，就会显得宽敞。相较于明度低的色彩，明度高的色彩会更清爽，推荐使用白色、米色、浅棕色。

另外，颜色过多会让视线分散，造成整体凌乱的印象。减少颜色，也会让狭小的房间显得整洁清爽。

堀家厨房的橱柜面板采用了明度高的白色，与墙壁的颜色相连，让空间不会产生分隔的感觉，显得清爽宽敞。

## Q 如果只选择一面墙壁上色的话，选择哪种颜色比较好呢？

日本的住宅，墙壁多是白色或米色，如果选择一面墙壁上色进行点缀，空间就不会显得单调，也会更具有个性。选择能在壁纸上刷涂的涂料也很方便，或者市售的彩色壁纸选择也很多，使用这些为墙壁上色并不是难事。

在选择颜色的时候，可以确定室内装饰的主色，也可以特意选择与主色形成对比的颜色。还有的做法是挑选窗帘布上的某种颜色，因为墙壁颜色与窗帘或地毯的搭配也很重要。

想要刷涂墙壁时，总会自然地想到一些印象鲜明的颜色，不过仅仅涂刷一面墙壁的话，就必须注意到与墙壁前放置的装饰物等物品的关系，想要让这些物品更凸显的话，则可以选择灰色或浅棕色等低彩度的颜色。

沙发的红色和黄色、墙壁的绿松石色，都是彩度相近的鲜艳色彩，搭配度良好。"将自己的好心情在室内装饰中体现出来。"

左：电脑区。侧面的墙壁颜色比较突出显眼，因此这里仅用一些杂货添加色彩。
右：采访的当下正在准备将墙壁颜色改为沉稳色调。孩子们的学习桌倚靠的墙壁位于电脑区的对面。差不多一年前涂刷成了彩度较低的柔和色调（之前是橙色）。

## Change！

采访后，电视机后的墙壁也重新刷涂了，一下子将整个空间变得更为柔和。涂料是在壁纸屋本铺购买的。

## 尽情地添加色彩
## 让空间富于变化的同时，享受室内装饰的乐趣

案例　pop 家

"最早的契机是墙壁弄脏了。"pop 在回忆自己开始涂刷墙壁的时候说道。那时候孩子还小，就想让空间显得热闹一些，便当机立断给墙壁刷上颜色。从此，便完全沉迷在刷墙的乐趣中了，现在只要一想到，便会在准备做晚饭前，迅速地上手完成刷墙的工作，刷墙已经变成了日常生活延伸出去的一部分。

一旦能够轻松地完成刷墙，也就顺势不再对使用色彩带有抗拒心理。"色彩会让心情一下子就舒展开来，整个人都会兴奋起来。"由此，对于彩度高的色彩相互之间的搭配充满兴趣。最近，孩子们提出想要更沉稳一些的空间感受，于是正在努力降低色彩的鲜艳度。采访后也要马上准备涂刷墙壁、更换颜色，非常享受这种因色彩的改变而让空间发生变化的日常生活。

丰富地使用多个颜色时，靠垫、凳子、毯子等则选用黑色加以平衡。电视机下方排列的花盆都选用了黑白色调，对颜色加以控制。现在墙壁涂成了柔和色调，则转而将靠垫换成彩色的了。

pop 的博客：pop 的笑门福来
http://ameblo.jp/pop-sweet-colorful

最早上手涂刷的是这面墙。因为之前孩子们总是很随意地在墙壁上画画，便索性将墙壁粉刷了。也是一个很好的回忆。

餐厅的墙壁之前是深蓝色。即便是深色，只要多涂几遍，就能恢复成白色。

对手工制作物品几乎是全情投入的ｐｏｐ。上：用球形的泡沫塑料做成的时钟，中：包装贴纸贴在冰箱上形成水珠图案，下：处处充满了玩乐心。绿色植物的花盆也是自己上色的。

女儿们已经是中学生了，正在将空间转换为更为沉稳的格调。如果想要恢复成白色，涂刷的难度便降低很多。

# 窗户周边的装备
## Q&A

窗帘等窗户周边所使用的物品或装备被称为窗周用品（Window Treatment）。人们在计算成本时经常会最后才计算这一部分的经费，其实这是改变空间印象的重要元素。我们邀请室内装饰搭配专家秦野伸先生来教授相关基本知识，并介绍他自己的住所。

## Q 窗周用品有哪些选择？

除了普通的窗帘，还有百叶窗、卷帘窗帘等很多选择。以下介绍它们各自的特点。

卷帘

"立川百叶窗制造"时尚板图

> 室内装饰专家
> 的一句话
>
> "图案丰富，且呈现为平面，就像是装饰画一般，能够让人欣赏那些精心设计的图案。仅仅拉起一半的时候，可以遮挡从外面望进来的视线，同时还能眺望阳台外的风景。"

特点
- 上下开合式
- 颜色、图案丰富，选择余地大
- 平面形状可与墙壁形成一体感，营造清爽氛围
- 拉起、放下方便（不像百叶窗、罗马帘那样厚重难拉）
- 可以只打开下半部分，仅遮挡上半部分的光线
- 可以用作房间的隔断或遮挡（拉起、放下轻松，卷起来便不碍事）
- 遮光、UV 加工（防止家具曝晒）、防火等功能
- 还有防霉、防水类型的幕布，可以用于浴室空间

窗帘

M 先生家的卧室

> 室内装饰专家
> 的一句话
>
> "可以轻松地替换样式是窗帘的好处。夏天和冬天分别选用不同的窗帘感觉很好。与其他类型相比，清洗更方便、选择更多也是一大魅力。"

特点
- 左右开合
- 开合的操作轻松
- 图案、素材等选择范围广
- 需要经常进出的房间、大型的落地窗使用窗帘更为方便（上下开合的百叶窗和卷帘则需要完全打开）
- 遮光、UV 加工（防止家具曝晒）、防火等功能
- 窗帘布的安装、卸除可以轻松完成
- 窗帘的布量多少可以改变房间印象（使用足量的布料、展现出厚重感显得更优雅，使用少量的布、单纯地注重布料的图案和材质则营造出休闲的氛围）
- 流苏有多种风格，可以享受其中的乐趣

横向型百叶窗

秦野先生家的卧室

> 室内装饰专家
> 的一句话
>
> "横向型百叶窗无需每天拉起，基本上可以保持放下的状态。这样的话，外面的视线、光线射入的量和方向都能按照自己的需求轻松改变，这是百叶窗的优点。"

特点
- 上下开合
- 阳光可以照入室内，同时阻挡视线
- 不像布一般厚重，营造清爽氛围
- 瞬间改变叶片的方向，便能调整照射入室内的光线
- 可以遮挡直射光，让光线进入室内
- 即便不全部打开，也能保持良好通风（窗帘、卷帘、罗马帘会随风拍打窗户）
- 可以选择光滑的铝制品或者具有温润感的木制品

纵向型百叶窗

铃木家的起居室

**室内装饰专家的一句话**

"纵向型百叶窗，对于侧面方向的视线具有较强的调节性，推荐对与窗户呈直角方向的视线比较介意的人使用这种类型。最关键的是时尚有型的设计非常有魅力。"

特点

· 左右开合
· 光线可以透射进来，同时遮挡外界视线
· 视线会按照纵向移动，让天花板显得更高挑，设计时尚有型
· 即便不打开，也有良好的通风（窗帘、卷帘、罗马帘会随风拍打窗户）
· 窗帘安装部分的进深比窗帘浅
· 只需打开一部分，就可以进出，同样适用于落地窗
· 窗帘感觉的布制品、光滑的铝制品及具有温润感的木制品都可以选择
· 不像布一般厚重，营造清爽氛围

罗马帘

铃木家的卧室

**室内装饰专家的一句话**

"相较于大型窗户，小型窗户更适合使用这一款式。可以选择与窗帘相同样式的布料，落地窗使用窗帘，小窗则选用罗马帘，保持统一的感觉。"

特点

· 上下开合
· 色彩、图案等种类丰富，可选项多
· 可以按照窗帘的感觉选择布料，享受布料的魅力，也能打造卷帘一般清爽的印象
· 可以仅打开下半部分，遮挡上端的光线
· 安装部分的进深较窗帘浅
· 遮光、UV 加工（防止家具曝晒）、防火等功能可供选择

## 其他多种选择

在 pop 家的起居室发现的是宜家出售的三联轨道帘。三块布垂挂下来，横向移动地开合。只要按照横杆的宽幅裁剪布料安装在末端，便能够使用自己喜欢的布料。就好像是卷帘和窗帘两者相加后再分割两半，可以横向开合、享受布料设计带来的乐趣。

褶皱加工后的卷帘变身为可以上下折叠般开合的百褶卷帘。因折叠产生的水平线让人印象深刻。材料多用无纺布或和纸类材质，与日式或亚洲风格的室内装饰配合度相当高。（图片提供；立川百叶窗制造）

将窗幔与蕾丝的功能相结合、将卷帘的操作性与横向型百叶窗的调光功能合并在一起的立川百叶窗制造出品的 Duole。蕾丝的材质与窗幔的材质交叉叠加，白天的时候，光线可以从蕾丝部分射入室内，同时又可以遮挡视线。晚上，则主要利用窗幔材质保护个人隐私。条纹状的设计很有魅力。（图片提供；立川百叶窗制造）

## Q 安装在哪里才正确呢？

确定了所使用的物品，想要测量尺寸时，便会产生究竟安装在哪里才正确的疑问。虽说是只要将窗户敞开的部分遮挡住便好，但其中也有很多做法。首先，是安装在窗框内还是窗框外呢？如果是安装窗帘的话，窗框内侧进深不够，便只能在窗框外安装窗帘杆，而卷帘或百叶窗在进深较浅的地方也适用，所以可以安装在窗框内。在内侧安装，可以与墙边保持同一个平面，显得更为清爽，但是两边无论如何都会留有空隙，这成了一大难题。安装在外侧的话，可以切实地遮挡住窗户，遮光性高，并且能有效地协助维持空调房内的温度。另外，安装在窗框外侧（正面安装）的情况中，除了贴近窗框上缘安装，还可以选择贴近天花板安装。尽管需要相应的长度，但是拉上窗帘后高出窗户的部分，可以让视线纵向延伸，使天花板具有挑高的效果，房间也显得更宽敞。

在窗框内侧和外侧安装卷帘的区别。安装在内侧会显得更清爽，安装在外侧则完全不用担心从空隙处窥视进来的视线（图片提供：立川百叶窗制造）

窗框外侧的安装示例

窗框内侧的安装示例

靠近天花板本身的感觉，将窗户垂挂窗帘的示例。可以拉长，显得更宽敞。

## Q 窗周用品可以另作他用吗？

将卷帘用在一间大屋子里作为隔断，或者代替收纳柜的柜门以及门窗，这样的做法有很多。窗周用品即便不用在窗户周边，也还有很多其他用法。相较于墙壁或门窗，使用窗周用品更便宜，而且具有灵活性，因此好好考虑如何活用窗周用品还是很有意义的。

例如，在秦野先生家里，洗衣机上方安装了木制百叶窗。平时是打开的状态，客人来家里时，便会唰地放下来，瞬间将杂乱的生活感消除，是非常重要的道具。

## Q 不同类型的用品可以混搭使用吗？

完全可以。人们很容易陷入只用窗帘或只用百叶窗这种使用单一物品的想法，实际上类似罗马帘 × 窗帘、窗帘 × 百叶窗这样的混搭使用可以各取所长。

例如，右下角的图例中，餐厅的落地窗面向庭院，需要进出。在此用罗马帘代替窗帘布，内侧搭配蕾丝窗帘，既利用了罗马帘的清爽感和设计感，同时也注意到进出的方便程度。每天只要拉一次，省去了需要不断开合帘子的麻烦。为了阻挡外界的视线，安装了蕾丝窗帘，开合更轻松。对孩子们而言，拉动罗马帘还是比较吃力的，薄款的窗帘就轻松多了。这样混搭使用，可以享受两种用品各自的优点。

下面中间的图例中，则采用木制百叶窗 × 窗帘的混搭。百叶窗的优点在于可以阻挡外界视线、灵活调节光线，同时也想要拥有布的质感带来的柔和氛围，因此做出这个选择。需要进出到阳台时，可以将百叶窗完全卷起，此时便用窗帘进行遮挡。

## Q 让光线透射进来，同时又能阻挡视线的方法是什么？

因为让光线透射进来的同时，也意味着会接受外面望向房间的视线。这时便需要选择保证个人隐私的同时，也能保持室内光线充足的物品。

最普通的窗帘，会拉上蕾丝那一层。如果是百叶窗的话，便通过变换叶片的方向，阻挡视线的同时，让光线透射进来。横向型的百叶窗可以根据从上而下的视线或自下而上的视线，相应地改变叶片的方向。纵向型的百叶窗则对侧面过来的视线非常有效。

卷帘或罗马帘可以选择两重帘布款，白天仅放下薄的那层，让光线透射进来。

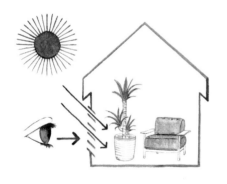

## Q 窗周用品的价格出乎意料地高！有没有降低成本的方法？

尽管会对家具购买做预算，很多人却会忘了包含窗周用品，结果导致这一部分的预算变得很少。然后，看到报价单会错愕地发现这一部分的成本其实相当高。对此，秦野先生的建议是分别计算，制作具有弹性的预算。"在起居室渡过的时间最多，因此给予这个区域的窗周用品充足的预算，无论是设计、品质和功能，都选择自己满意的物品。相反，其他独立房间的窗周用品则可以选择普通商店的成品，巧妙地降低预算。宜家或无印良品也有很多窗周用品，种类丰富，可以仔细挑选试试。但是，这种'标准化生产的商品'无论是价格还是耐用性都差不多。便宜的东西可能更快损坏，理解这一点再区分使用比较好。"

## Q 不同风格的室内装饰，相对应的推荐款是什么？

根据不同的室内装饰风格，适合的窗周用品也有很多选择。
因为无法一概而论，在此按照风格分别介绍。

| 风格 | 推荐款 | 说明 |
|---|---|---|
| 自然风格 | ・窗帘<br>・罗马帘<br>・横向型百叶窗（木制） | 重视天然质感的自然风格，最合适能够自由选择布料的窗帘或罗马帘。可以选择亚麻或棉布这种与自然风格搭配度极高的材质。选择百叶窗打造干净利落的印象时，也推荐使用白色或浅色系的木制材质。 |
| 北欧风格 | ・纵向型百叶窗<br>・横向型百叶窗<br>・卷帘<br>・窗帘 | 多呈现简单×木质温润感的北欧风格，最适合选用拥有这两种特性的木制百叶窗。另外，色彩丰富的卷帘中也可以很容易发现那些适合北欧风格的色调。用北欧纺织布料制作的窗帘也是不二选择。 |
| 法式优雅风格 | ・窗帘<br>・罗马帘<br>・卷帘 | 使用足量的窗幔营造优雅氛围，是这一风格的标准做法。窗帘或者边上使用窗幔的膨胀式罗马帘都可以尝试。选择图案丰富的卷帘，利用图案、纹样等表现优美典雅，也是一种方法。 |
| 亚洲风格 | ・卷帘<br>・百褶卷帘<br>・窗帘 | 竹制卷帘与亚洲风格的搭配度非常高。粗糙的麻布、紫色或橙色等让人感受到亚洲风情的卷帘，都可以采用。多用和纸制作的百褶卷帘、蜡染布等亚洲纺织品，可以简单地垂挂在窗前。 |
| 现代风格 | ・纵向型百叶窗<br>・横向型百叶窗<br>・卷帘 | 富有造型感的百叶窗，在现代风格中才可以说能真正发挥作用。白色、黑色、灰色、茶色等卷帘同样适用。使用窗帘时，尽量不留窗幔，让窗帘整体显得平整，更符合现代风格的氛围。 |
| 咖啡馆风格 | ・横向型百叶窗<br>・卷帘 | 咖啡馆风格与足量的窗幔并不十分协调，还是推荐使用简单的百叶窗或卷帘。横向型百叶窗中有在叶片上打孔的款式，还有类似铁制品的颜色、琥珀色等等，都能够表现出咖啡馆风格的粗犷气质。 |

既不是卧室，晚上也不会待很久，对外面的视线也并不太在意的房间，就没有必要太过强求窗帘的功能性。这个示例中，吊挂起来而已，价格不高。地挂了一块布，简单使用的是宜家出品的窗帘杆，用的是必要裁了一块亚麻布，

# 窗周用品的满满创意！
## 现代 × 优雅的室内装饰

<u>案例</u>　秦野家

巢巢出品的桌子和孩子们使用的 "Tripp Trapp 椅" 都经过自己亲手涂刷。空间的基调是现代风格，却特意选用了优雅风的照明灯具，这种 "错位技巧" 也是高手才敢尝试的。

作为室内装饰专家，在窗周用品制造公司工作的秦野先生，凭借其专业知识和良好品味，以清爽现代风的灰色调作为室内装饰的基调，再配以体现优雅感觉的物品，打造完成具有个性的空间。

窗周用品基本以木制的百叶窗为主，与地板的颜色相配搭，起居室使用了灰色系，卧室则采用了天然色系。

"我们家的位置会让人比较在意外面的视线，因此选择使用百叶窗。平时都会拉下来，仅仅调整光线。只要稍稍改变叶片的方向就能调整光线，非常方便。" 充分利用百叶窗的特性。

另外，还用百叶窗代替收纳空间的柜门，十分灵活地运用窗周用品，保持美观时尚的同时舒适度日。

秦野先生的博客：assemblee
http://assemble-e.jugem.jp

窗帘留出部分偏长，临于地板，在欧美比较多的做法是恰好临于地板，"日本普遍的做法是垂坠铺至地板。" 这样做不仅增加了优雅的感觉，还能防止冷气外散。

木制的百叶窗在完全 "折叠"（上拉后叶片层叠的状态）时会显得很厚实，也会有人因此产生压迫感，这是选用木制百叶窗时需要注意的地方。

通过落地窗去往阳台时，需要将横长型的百叶窗拉起放下，非常麻烦。因此，在进出的位置专门安装了宽幅较小的百叶窗。

想要在室内拥有薄款窗帘带来的光影景象，便在靠近房间的百叶窗外侧添加了亚麻布的窗帘，这样室内便充满了柔和的光线。

左：卧室则保持百叶窗放下来的状态，用叶片调整射入室内的光线。右侧的收纳空间则选用窗帘代替柜门，对应于百叶窗，感觉很协调。

右：孩子的房间，从窗户望出去便是公园，因此无需太过介意外面的视线，百叶窗一般都是拉起来的。百叶窗没有布帘的沉重感，给人清爽的印象。

左：用窗帘代替收纳橱门。与使用移门的情况不同，收纳空间可以采取完全开放式的架子，并且也不会像使用折叠门那样产生死角，使用起来很方便。右：卧室内布制的用品居多，落地窗的遮挡便选用了百叶窗，显得简单清爽。

餐厅和厨房再往里的空间被区隔为儿童房。为了让空间完全敞开，没有在房间之间设置墙壁。

## 窗周用品还可以活用为各种隔断

百叶窗和卷帘，不仅可以作为窗周用品使用，还可以代替橱门，将不想外露的地方遮盖起来。

儿童房壁橱的橱门用卷帘代替。可以选择可爱风的图案，对于需要有点趣味的儿童房来说非常合适。开合方便，孩子们也很高兴。

餐厅旁边是秦野先生的工作区域。平时会像下图一样将百叶窗收起来，客人来的时候，便会放下来，让空间显得更清爽。与一般建筑中使用的房门不同，百叶窗是上拉打开的，不会在空间中造成阻碍。

洗面台收纳柜前也用百叶窗进行遮挡。木质的叶片具有高端的品质感，合起来时能某种程度上营造出酒店的感觉。柜中物品即使有些杂乱，唰地放下百叶窗便可以隐藏起来，客人来的时候也很安心。

# 装饰空间的方法

装饰空间是完成室内整体打造的重要步骤，也是充满乐趣的部分。为了让好不容易确定风格的空间，展现更好的氛围，让我们向任职房屋建筑事务所的室内装饰顾问井上明日香请教，以她自己的居住空间为例，了解这些基本规则。

### 1. 从侧面观看

在对空间进行装饰时，经常会特别关注正面看过去的平衡感。"尽管如此，其实我们很少会从正面一直凝视那些地方。"井上的做法则是从侧面观察，调整平衡。这个角落从正面看过去，画框并非在正中间的位置，却有种融洽的气氛，让人平静。

### 2. 确定基准，再调整平衡

在墙上挂装饰画，确定位置时，需要注意的是与什么相互对照来进行平衡感的调整。在这里，其实是与桌子以及桌子上摆放的杂货相互协调，有意识地靠近下端，来获取平衡感。因为不是大号的画框，与其对照天花板或地板调整，不如将其与桌子看作一个整体的区域进行装饰，效果更好。

### 3. 确定装饰的场所

尽管在房间这儿、那儿摆放装饰物，让人觉得很愉快，但是不设定规则地随意装饰，会一发不可收拾。在井上家里，餐桌是靠墙摆放的，因此确定靠墙那一端的桌面为装饰的场所。相反地，桌子中央留出了大片的面积可以使用。装饰与不装饰的地方一旦确定，便会呈现出空间的节奏感。

### 4. 将周围整理干净

用杂货进行装饰时，最重要的是为了映衬这些杂货，将周围清理干净。如果旁边放了杂乱的物品，无论多漂亮的装饰品，都会被视作是纯粹放在那里的物品，反而只会让人觉得凌乱。"装饰"的第一步便是将多余的物品整理干净，隐藏起来。

*rule*
**1**

*rule*
**2**

*rule*
**3**

*rule*
**4**

## 5. 统一质感

用多个画框装饰时，全都使用相同的画框，就会有种墨守成规的感觉。如果是高手，便会尝试用各种颜色和材质的画框进行混搭，但要搭配得好却非常难。因此推荐给初级水平者的做法是挑选相似材质的画框。即便设计或颜色有所不同，却能自然产生统一协调的感觉。

## 6. 添置呈现出纵深感的物品

在墙上进行装饰时，很容易将空间平面化，空间是有纵深的，因此在装饰的时候要有意识地体现远与近的空间感。这个区域只用画框进行装饰的话，太过平面，便在近处吊挂绿色植物，让空间更立体一些。让人能够感觉到空间的纵深，便不会显得毫无变化。同样地，这时也不能仅从正面观察，而要从侧面观看，体会这种纵深感。

## 7. 排除出挑的色彩

与其用装饰物品装饰厨房，更实际的做法是将使用的工具像是装饰品一般收纳整齐。这种时候，"优先考虑实用性的话，便能自然地归置好"。有一点需要注意的是，避免使用出挑的色彩。在井上家，使用的基本是天然素材×白色、灰色、黑色等色调，没有特别亮眼的颜色，看上去干净整洁。

## 8. 在实用性中增添些许趣味

在收纳物品的场所，基本上优先考虑实用性的问题，但如果仅仅考虑实用性，就可能显得乏味。使用架子收纳物品的话，可以在物品的内侧貌似随意地增添一些装饰的元素，立刻便会有种时尚的氛围。放一些不会影响收纳的画框、特意将喜爱的盒子或铁罐的标签露在外面等等，这些做法都很适合在注重实用性的地方进行装饰。

## 9. 细碎的物品或不想外露的
## 物品则收起来

完全摆在外面会显得凌乱的物品，或者那些尽管必要却不想放在外面被人看见的物品，在生活中必然存在。为了突出那些美观的物品，就有必要将这些物品"隐藏"起来。如果是开放式架子的话，利用篮筐和收纳盒把东西收起来是个有效的方法。这样，不仅能够保持使用方便，也不会影响装饰的效果。

## 在达人打造的法式优雅空间
## 发现空间装饰的丰富灵感

案例　井上家

配置了古董家具的起居室。单人沙发的区域成为空间的点睛之处，同时也是起居室与餐厅的过渡衔接之处。

大号的餐桌靠墙摆放，留有充分的空余，可以更加突显靠近墙壁处的装饰品。照明灯具一直垂吊下来，高度与桌子之间的平衡感非常好。窗帘内侧便是卧室。

「如果没有这面镜子，餐厅与起居室之间就会产生空白，被分割开来。」井上说道。而且，镜子里面映照出来的景象可以增加空间的纵深感，可谓一石二鸟。

在房屋建筑公司工作、身为室内装饰顾问的井上女士实际生活的居住空间经她亲手打造，成为朋友、熟人都憧憬的空间，并且都会寻求她的建议。这个空间的装饰可以说是得到大家的认可，是达人级别的室内装饰。

将公寓套房改建为一间宽敞的开间，一进到房间，各个角落都进入视线，每个区域的装饰都让人赞叹。也许是她靠优秀的平衡感所练就的技巧，不会让人有过度装饰的感觉，而是恰到好处。"我觉得确定好做装饰的场所和不做装饰的场所是一个关键吧。将物品聚集在某处，还是特意将某处留空，这种平衡感很重要吧。"井上说道。

另一个重要的视角便是"远近"。人们很容易倾向于平面化的做法，但空间是立体的。在家具的内侧展示些装饰品，或者在装饰品前方放一些其他物品等等，空间便是这种远近位置的重复。"意识到远与近的前提下装饰空间的话，便会增添空间的纵深感。这样，空间不会显得单调乏味，而是具有完整感。"

井上女士的 Instagram 账号：51asvka

凳子对于用杂货装饰的空间非常重要。在复古的圆形凳子上摆放玻璃瓶，相互配搭的效果很好。

"配合花瓶的造型将花的重心放低。墙壁上没有用画框装饰，因此花瓶主要是与橱柜取得平衡，而不是对应于墙壁。"

古董信箱挂在墙上。既可以收纳物品，也可以作为装饰，将东西都整齐地收在横向开口中，不会显得凌乱。

细小的物品利用托盘、篮筐、瓶子或罐子整齐收纳，防止散乱。

冰箱也是展示的场所。即便是这样随意地贴上卡片，也要注意色调统一。

玻璃瓶的形状和高度都统一的话，就会显得清爽整洁。左边靠里侧放置绿色植物，可以凸显空间的纵深感。

沙发后方是电脑区。整个空间是由各个相互间有联系的物品建构而成的，因此用这样稍稍后退的视角观察空间是很重要的。

从起居室望向厨房的景
象。涂成灰色调的厨房
显得更为优雅。另一侧
的餐具柜从房间任何地
方都能看到，有意识地
作为装饰进行收纳。

在起居室放置一张大号矮桌。平时孩子们会在这里做功课、吃零食，时不时也会在这里用餐。直径 110 厘米的大小，完全可以用作餐桌。对于空间狭小、无处放置餐桌椅的家庭而言，矮桌是个不错的选择。

## Column 1

## 推荐沙发餐厅或矮桌餐厅

在开始新生活之际，很多人会理所当然地认为应该购买配套的餐桌、椅子，还有沙发。不由分说地添置了这些物品之后，却发现空间变得更狭小拘束了。还有一些人为了避免这种情况，便挑选小尺寸的餐桌或沙发，结果却发现用起来极为不便。还有很多人会因为在椅子上用餐感觉无法放松，便几乎将成套的餐桌椅弃之不用。

为了避免上述情况发生，这里便向大家介绍其他的选择项。沙发与餐厅结合的沙发餐厅、或者是选用大号的矮桌作为餐桌，两者都是可以考虑实行的办法。这两者之中，并没有绝对正确的选择，最重要的是不要被"理所当然"的想法迷惑，而是根据自己的生活选择更合适的方法。

这里更接近沙发的感觉，可以伸展双腿、辗转侧躺等等，即便没有真正的沙发，也完全可以在这里放松。

## 以沙发餐厅营造闲适放松的空间

案例　川岛家

川岛家便是采取用餐区域与起居室相互区隔的做法。之前一直使用别人送的配套餐桌椅用餐，这个区域便成了单单用餐的场所，家人也不会在这个地方待很久。想着要将这个场所转变为更舒适的空间，便购买了沙发餐厅的组合家具进行替换。座位柔软富有弹性、高度适中，能够舒适地放松身体。还可以在沙发上斜躺下来，对孩子们来说也是个舒适的地方。餐后，跟丈夫两人待在餐厅放松的时间也变多了。

在餐桌的对面，将电视机安装在墙上。在餐厅休息的时候，就可以看电视放松。

与厨房相连的起居室空间约 5—6 叠（8.2
平方米—9.9 平方米）。川岛家另外设有
起居室空间，这样的沙发餐桌组合也同时
兼备起居室的功能，对于狭小空间的家庭
而言，是特别推荐的做法。桌子、椅子、
长凳式沙发全都是 unico 的产品。

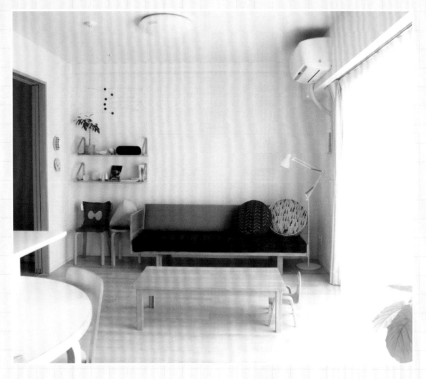

## 使用矮桌让空间
## 更显宽敞

有着不满一岁和四岁的两个孩子，一家四口人共同生活的 holon 家。比起坐在椅子上用餐，在矮桌上用餐更放松舒适，于是便购买了无印良品的矮桌作为餐桌，采取了矮桌餐厅的方案。特别是孩子还小的这段时期，对于他们接近地板的生活而言，矮桌尤为重要。餐厅里也放置了椅子和餐桌，倒不是专门为了用餐准备的，而是为喝下午茶或使用电脑准备的。因为只是简单地使用，便选择了半圆形的小号桌子。这样一来，起居室便显得很宽敞。

holon 的 Instagram 账号；holon

## 以休息室为目标
## 打造悠闲角落

在室内装饰的照片社交网站"Room Clip"上传自家室内装饰图片的青木先生，在起居室采用无印良品的组合沙发，打造 L 型的沙发区。就像是贵宾休息室一般，是一个悠闲放松的空间。搭配的桌子高度约为 50 厘米，坐在沙发上也能轻松搭手，可以放松地在这里用餐。青木家同时也设有餐桌加椅子的空间，每天却还是会在沙发区用餐，切实地实践着沙发餐厅的做法。

青木先生的 RoomClip 账号；plyohop

## 在 ACTUS 和 unico 也有新发现！

同样地，在室内装饰商店中，沙发餐厅和矮桌餐厅的示例家具也在不断增加。ACTUS "OWN 系列"（左侧图示）的特点是沙发座面比较硬，高度离地面较近。这样同时兼备了就餐的便利性以及舒适感，向人们提供介于沙发与餐椅之间的选择。另外，"FK–1 系列"（左下方图示）是可以被用作被炉的矮桌。商品系列中还包括造型独特的无腿座椅，呈现出独具品位的矮桌餐厅。

在 unico 同样能找到餐厅和起居室都能使用的餐厅系列家具。下图中的 "SUK 系列"是长凳风格的餐厅。与坐垫搭配使用便能提升舒适度，相应地，沙发并非必然的选择。

既能享受沙发的舒适休闲，同时也能够像在咖啡馆一样，度过用餐或下午茶的美好时光。
OWN 系列 /Actus

矮桌可以在直径 100—120 厘米的范围内进行定制，作为一家四口人的餐桌绰绰有余。虽然是可以作被炉使用的矮桌，但设计却十分现代，这一点让人欣喜。
FK-1 系列 /Actus

长凳款椅子与坐垫的搭配性很好，让人能享受舒适休闲的用餐时间。
SUK 系列 /unico

## 按照场景选择照明

### 起居室

在家人聚集在一起做各种事情的起居室，最关键的是不仅要保证明亮，还要有放松休闲的感觉。比较推荐的照明灯具是可以调节光线的灯具，这样便可以根据家人的需求调整亮度。最近设计的产品中，即便是可追加的天花板灯，也附加了调光功能。另外，在低于视线的位置，如果有光源的话，会增添休闲轻松的感觉，为此比较推荐的是放在地上的落地灯。

### 餐厅

这里是用餐的场所，因此比较推荐让菜肴看上去更美味的泛红灯光（灯泡色）。在餐桌上方安装吊灯，让灯光集中在餐桌上，会给人在餐桌欢聚的印象。如果餐桌同时作为学习用桌的话，则建议使用灯泡色和昼白色两种模式切换的 LED 灯，或者选择台灯等手边灯合并使用。

### 卧室

睡觉前的时间段希望能够尽量放松的话，推荐使用具有舒适感的暖光（电灯泡）。如果是那些可以直接看到灯泡部分的灯具，太过晃眼，会妨碍睡眠，因此最好选择有灯罩，或者光线射向天花板的间接照明。如果在睡前有读书习惯，便将落地灯作为读书灯。在脚跟处安装脚光灯的话，上厕所的时候也会更为便利。

房间改造翻新时安装了灯轨，实现了射灯与吊灯的多灯照明。

在天花板中嵌入筒灯照明，给人干净清爽的现代气息。

Column 2

## 利用照明提升空间品位

照明与室内装饰的关系可以说是密不可分。照明的光线可以为空间增添节奏、明暗，或者制造安稳祥和的氛围等等。当然，照明最重要的作用还是照亮室内空间，不应该以外观为优先要素。

基本上，利用天花板灯和筒灯完成主要照明，室内已经能够得到充分的亮度，落地灯和壁灯的辅助照明，则主要是为了提升空间氛围。如果只有一种灯光的主要照明，室内便很容易显得单调乏味，为了提升室内装饰的格调，还是添置一些辅助照明吧。这种时候，可以有意识地添加朝向天花板或墙壁的间接照明，为室内装饰增添一些非日常的、安心放松的氛围。

左：这盏吊灯采用了不透光的金属灯罩，只有吊灯下方的范围被照亮，相应产生的阴影营造出富有节奏感的空间。上：这盏灯采用了乳白色的玻璃，具有透光性，不仅照亮灯罩下方的空间，光线还会从灯罩侧面透出，营造柔和的氛围。

## 选择照明灯具时注重光线的扩散方式

有些照明灯具的灯罩是不透光的，因此只有灯泡光线射到的范围会被照亮，光线射不到的部分则会产生较大的阴影，并营造出富有明暗张弛度的空间。而选择透光的灯罩，则会让房间整体被柔和的光亮笼罩。

不同设计的照明灯具，还会像左页的照片那样，在天花板上制造阴影，营造出戏剧般的效果。

## 吊灯置于桌子上方

在添置适合生活的家具时，有时候并不一定能在天花板固定电源的位置正下方放置桌子。这样，吊灯与桌子的位置就会产生偏离，光照效果不佳，而且室内装饰的整体平衡感不好，会给人一种粗糙不精致的印象。另外，还很容易发生撞上吊灯的状况。

像右图中一般，在天花板上安装吊钩，将吊灯调整至桌子上方的位置才是正确做法。如果不想在天花板上打洞，也可以使用被称为吊灯支架的器具，移动吊灯的位置。

## 利用灯轨享受射灯及多灯照明的乐趣

在天花板或墙壁上安装管状的附有电源装置的灯轨，可以配合生活场景轻松增减照明灯具。让室内装饰显得丰富多样的多灯照明，无需额外的电源配置便能实现。左图中，选择了黑色的灯轨，配上简单的射灯，与咖啡馆风格的氛围十分融洽。另外，正如左页的照片中所示，还可以将射灯与吊灯合并使用。

一般的灯轨必须由专业技术人员安装架设，不过现在也有出售可以直接安装在天花板电源上，而不需要另外架设电线等配置的设备。

KURASHI GA KAWARU！STYLE DE ERABU INTERIOR RULES

Edited by Asahi Shimbun Publications Inc.

Copyright © 2016 Asahi Shimbun Publications Inc.

All rights reserved.

Original Japanese edition published by Asahi Shimbun Publications Inc.

This Simplified Chinese language edition is published by arrangement with

Asahi Shimbun Publications Inc., Tokyo in care of Tuttle-Mori Agency, Inc., Tokyo

through Beijing GW Culture Communications Co., Ltd., Beijing

**图书在版编目（CIP）数据**

点亮新家的装饰风格法则 / 日本朝日新闻出版编；

袁璟译. —— 桂林：广西师范大学出版社, 2018.10

　ISBN 978-7-5598-0907-0

　Ⅰ.①点… Ⅱ.①日… ②袁… Ⅲ.①室内装饰设计

Ⅳ.①TU238.2

中国版本图书馆CIP数据核字(2018)第119005号


广西师范大学出版社出版发行

　广西桂林市五里店路9号　邮政编码：541004

　网址：www.bbtpress.com

出　版　人：张艺兵

全国新华书店经销

发行热线：010-64284815

山东临沂新华印刷物流集团有限责任公司　印刷

开本：889mm×1194mm　1/16

印张：8　字数：52千字

2018年10月第1版　2018年10月第1次印刷

定价：56.00元

如发现印装质量问题，影响阅读，请与出版社发行部门联系调换。

**日文版制作团队**

编辑·文　加藤郷子

取材·构成·文　太田順子（アジアンスタイル、モダンスタイル）

撮影　安部まゆみ（鈴木さん宅、吉田さん宅）

　　　飯貝拓司（川西さん宅）

　　　片山久子（Tさん宅、TUULIさん宅、popさん宅、秦野さん宅）

　　　川井裕一郎（Mさん宅、Fさん宅、井上さん宅）

　　　砂原 文（holonさん宅）

　　　林ひろし（堀さん宅、Kさん宅、川島さん宅）

　　　山口幸一（Fさん宅）

監修　P90～99　OURHOME Emi（整理収納アドバイザー）

　　　P102～103、P126～127　鈴木理恵子（インテリアコーディネーター）

　　　P108～111　秦野 伸（インテリアコーディネーター）


イラスト　服部あさ美

アートディレクション　knoma

デザイン　石谷香織　鈴木真未子

校正　木串かつこ　本郷明子

企画·編集　朝日新聞出版 生活·文化編集部 端 香里